蓝鹦鹉格鲁比科普故事

物种战争

〔瑞士〕丹尼尔·弗里克 绘 〔瑞士〕亚特兰特·比利 著

王匡嵘 译

中国水利水电出版社
www.waterpub.com.cn
·北京·

内 容 提 要

本书是《蓝鹦鹉格鲁比科普故事》系列图书中的一本，是一本探索“物种迁移”主题的少儿科普读物。全书以蓝鹦鹉格鲁比为主角，在有趣的故事中，带领读者去认识各种各样的新物种，以及它们对侵入地环境、生态、景观、建筑、农业生产所造成的各种影响。作者使用拟人化的写作手法，书中的各种动植物不但会说话，还各有个性和特色。本书图画精美，文字生动，具有较强的教育性和启发性，对于开阔青少年视野很有帮助，也有利于培养孩子的环保意识。

图书在版编目（CIP）数据

物种战争 / (瑞士) 亚特兰特·比利著 ; (瑞士) 丹尼尔·弗里克绘 ; 王匡嵘译. -- 北京 : 中国水利水电出版社, 2022.3 (2022.9重印)
(蓝鹦鹉格鲁比科普故事)
ISBN 978-7-5226-0464-0

Ⅰ. ①物… Ⅱ. ①亚… ②丹… ③王… Ⅲ. ①物种－少儿读物 Ⅳ. ①Q111.2-49

中国版本图书馆CIP数据核字(2022)第024601号

Globi und die neuen Arten
Illustrator: Daniel Frick /Author: Atlant Bieri

Globi Verlag, Imprint Orell Füssli Verlag,
www.globi.ch

北京市版权局著作权合同登记号：图字 01-2021-7260
审图号：GS（2022）1350号

书　　名	**蓝鹦鹉格鲁比科普故事——物种战争** LAN YINGWU GELUBI KEPU GUSHI —WUZHONG ZHANZHENG
作　　者	〔瑞士〕亚特兰特·比利　著　　王匡嵘　译
绘　　者	〔瑞士〕丹尼尔·弗里克　绘
出版发行	中国水利水电出版社 （北京市海淀区玉渊潭南路1号D座　100038） 网址：www.waterpub.com.cn E-mail：sales@mwr.gov.cn 电话：（010）68545888（营销中心）
经　　售	北京科水图书销售有限公司 电话：（010）68545874、63202643 全国各地新华书店和相关出版物销售网点
排　　版	北京水利万物传媒有限公司
印　　刷	天津图文方嘉印刷有限公司
规　　格	180mm×260mm　16开本　7.25印张　115千字
版　　次	2022年3月第1版　2022年9月第3次印刷
定　　价	58.00元

前言

亲爱的格鲁比的朋友们：

“邪恶的 ”动物或植物是不存在的。当然，当菜地杂草丛生，狐狸在我们的草坪上搞营生，抑或蚊子扰乱我们的睡眠时，我们有时也会忍不住狠狠咒骂它们。但实际上，我们要知道，无论杂草、狐狸还是蚊子，都不是“坏蛋”。杂草在我们的菜地蔓延，是因为那里有完美的生长条件；而狐狸必须找个地方谋生。这些生物只有在它们的需求和我们的有交集时，才会发生冲突。因为我们想在菜地里种胡萝卜，赤脚在草坪上行走，不受打扰地睡觉。

入侵物种也是如此，它们并非“邪恶”，也不都因为它们是“外来的”，它们只是做了这个星球上所有生物都在做的事：生存、开拓和繁衍。少数物种甚至在异国他乡大获成功——成功到开始破坏我们人类真正重视的东西。

我们希望自然保护区内有各种各样的珍稀植物，而不是任凭某一物种挤掉其他物种。同样，如果本地小龙虾因虾瘟而灭亡，我们也深表遗憾。

近几十年来，我们身边的外来物种越来越多。其中一些是作为观赏植物而积极引进的，其他的则混迹于包装材料中“偷渡”入境。其中一小部分的传播已愈演愈烈，以至于环保部门不得不对其采取措施——向人们提供与它们相关的危险信息，并帮助社区限制猖獗的植物，或识别新植物，并及时清除它们。这项工作耗时耗钱，并且也不总是一帆风顺。因此，必须慎重考量哪些物种要清除，以及在哪儿清除。有时，环保部门会集中精力保护特别重要的区域。无论如何，有一点是肯定的：越早行动，越有利于可持续发展，越是经济实惠。因此，我们必须尽早限制这些物种的传播。

这本书中，格鲁比刨根问底，我们的专家也会给他提供专业帮助。各州环境和自然保护局以及列支敦士登公国希望所有儿童和他们的父母，以及其他所有感兴趣的人在阅读这本激动人心的书时，能收获快乐。

目录

释放苹果气味的甲虫

美好的春日！但窗户竟然这么脏！格鲁比心情不错，果断取来一块抹布和窗户清洁剂，吹起口哨，开始工作。突然有人喊："嗷，嗷，小心。你压到我了！"格鲁比惊奇地环顾四周，但四周没有任何人。他小心翼翼地继续打扫。"哎哟！现在真的很疼，够了！"那个声音骂道，"现在，让你见识见识我的秘密武器！"

格鲁比放下清洁工具，往四周看了看，突然，一股浓烈的苹果味传来。"咦，这味道从哪来的？"格鲁比喃喃自语道。令他惊讶的是，气味似乎来自那块抹布。格鲁比小心翼翼地翻开它，发现里面有一只昆虫。乍看之下，像只甲虫。

"你是谁？"格鲁比问。"你好，先生，我叫格罗萨。我是一只西部喙缘蝽。"——"啊哈！苹果味是你发出的吗？"——"确实是的，气味是我的武器。如果蜘蛛或大黄蜂靠得太近，我就从我的臭腺里喷出气体。"格罗萨自豪地抬起它身体的后半部分。

格鲁比忍住笑。“不难闻，”他说，“对我来说，闻起来倒像是香水。无论如何，你不用怕我。我是格鲁比，不会伤害你的。可是，你是怎么从美国一路跋涉来到我的客厅的？”

“说来话长。我住在美国大城市波特兰的树木苗圃里，在那里的松树丛中睡觉。突然来了一批工人，把栽着松树的花盆装进了一辆卡车。卡车开到港口，我栖息的花盆被装上一艘货船。不知什么时候，这艘船在汉堡港停靠，货物被卡车运往瑞士，就这样，我一路到了这里。”格鲁比不太相信这只虫子，“你想蒙我吗？”——“不，不，格鲁比先生。是真的，不只是我呢。”虫子为自己辩护。

西部喙缘蝽（拉丁名：*Leptoglossus occidentalis*）

名称：西部喙缘蝽

原产地：北美西部，从加拿大到墨西哥

迁移地：欧洲（1999 年）、日本（2008 年）

交通工具：卡车、船舶、飞机

背景：它们用探针刺穿松果中的幼小种子，吸食其中的糖汁。

引发问题：种子遭到破坏后，再也无法发芽生长。然而，这种虫子并不常见，目前其危害仅限于树木幼苗。

充满惊喜的花园

格鲁比倒了一杯水。“你想来点吗？”他问虫子。“不，谢谢，先生。我更喜欢喝小松树的松果汁液。你花园里有松树吗？我可以喝一杯。”——“不用叫我先生，”格鲁比说，“看，后面有棵漂亮的大松树，它有很多新鲜松塔。来吧，我们一起挑一些！”格鲁比把格罗萨抱进花园。“我去拿梯子，这样你就能够到树枝了。”格鲁比说。“没事，我能飞！”格罗萨腾空飞起，搜寻到一个丰满的松塔，把它尖尖的喙插了进去，“嗯，太棒了！”

随后，格罗萨环顾了格鲁比的花园。“瞧瞧这个，你花园里也有很多外来物种。例如，这里有一棵桂樱，来自土耳其。你知道吗？”格鲁比的好奇心一下子被勾引起来了。

“你好，你还好吗？”他问桂樱。桂樱却没有时间回答他，它像往常一样，正忙着计算：“右侧新芽 15 个，左侧新芽 17 个。前面花蕾 13 个。这里是 30，这里 15。那是 45 个芽，每个芽有 3 片叶子，那就是 135 片叶子。而这要到夏天结束。不，不，太少了。必须增加才行，我必须提高产量。因此，右侧要增加 20 个新花蕾……”——“呃，打扰一下，桂樱，你好！”可是，桂樱并没有注意到格鲁比。

格鲁比的目光游移到桂樱旁的女贞丛中。这棵女贞树露出了绝望的姿态。“你怎么了？”格鲁比询问。“我右边的叶子越来越黄了，这个邻居剥夺了我的阳光，我简直无计可施。而且它从不跟我讲话，每天忙着算计，想尽办法尽快生长，对别的事情不感兴趣。”

格罗萨对此了如指掌：“桂樱一定是入侵物种！它们远道而来，并在本地强势繁衍，本地物种却苦不堪言。”格鲁比正要安慰女贞，有东西从他的头顶上嗡嗡飞过，是一只瓢虫。格罗萨兴奋不已：“哈，又一个入侵物种。这是亚洲瓢虫。”亚洲瓢虫火急火燎地环顾四周，“有谁看到蚜虫什么的吗？我饿疯了。”——“春天这么早就有蚜虫了吗？”“要我说，它们还不如快点来呢。我肚子上有一个大洞，至少可以吃进 100 只蚜虫。”说着，这只瓢虫就飞走了。

格罗萨松了一口气。“噢，天呐，它太饿了！我差点以为它要吃我呢。它们就是这样，永远在想着吃。它们吃了太多蚜虫，以至于欧洲本地瓢虫没得吃。”两人走到一棵参天大树旁。“不要太靠近！”格罗萨提醒，“这是洋槐，来自北美洲，树枝上有刺，树皮会产生一种毒液，能杀死真菌和昆虫。”

格罗萨的担心是多余的。洋槐一看到格鲁比，就亲切地说：“喂，老朋友，你又来花园散步啦？你找我有什么事吗？”——“你真的是和人类一起来到欧洲的吗？”格鲁比反问。“噢，是的。”洋槐说，“唔，准确地说，我的曾曾曾曾祖父母是从北美过来的，我自己是从离这不远的苗圃来的。”——“那你遇到了什么麻烦吗？”格鲁比想知道。

洋槐略微迟疑了一会儿，才终于回答：“说来挺尴尬的，我的根茎一直不断地生产养料，并且输送给土壤，我无法自控。可是，如果土壤营养过剩，有的植物就会死亡，例如兰花，还有其他许多草本植物，也经受不起。”格鲁比看着洋槐脚下的草坪，“现在我明白为什么这里只长草了。”

洋槐腼腆地笑了笑，“对不起，我天生就这样的，在北美，我不会困扰任何植物。但在这里，许多植物就是不习惯。”

桂樱（拉丁名：*Prunus laurocerasus*）

名称：樱桃月桂、月桂树

原产地：土耳其

迁移地：欧洲、北美

交通工具：卡车

背景：桂樱是一种坚韧的常绿灌木。几十年来，它一直在花园中种植，快速生长，成为遮挡隐私的绿篱。这种植物的大多部位，诸如叶子和种子，都有毒。

引发问题：桂樱通过鸟儿吃它们的果实，排出粪便来传播种子。桂樱也在森林落脚。它在那里会剥夺树木幼苗的光线，阻碍它们生长。

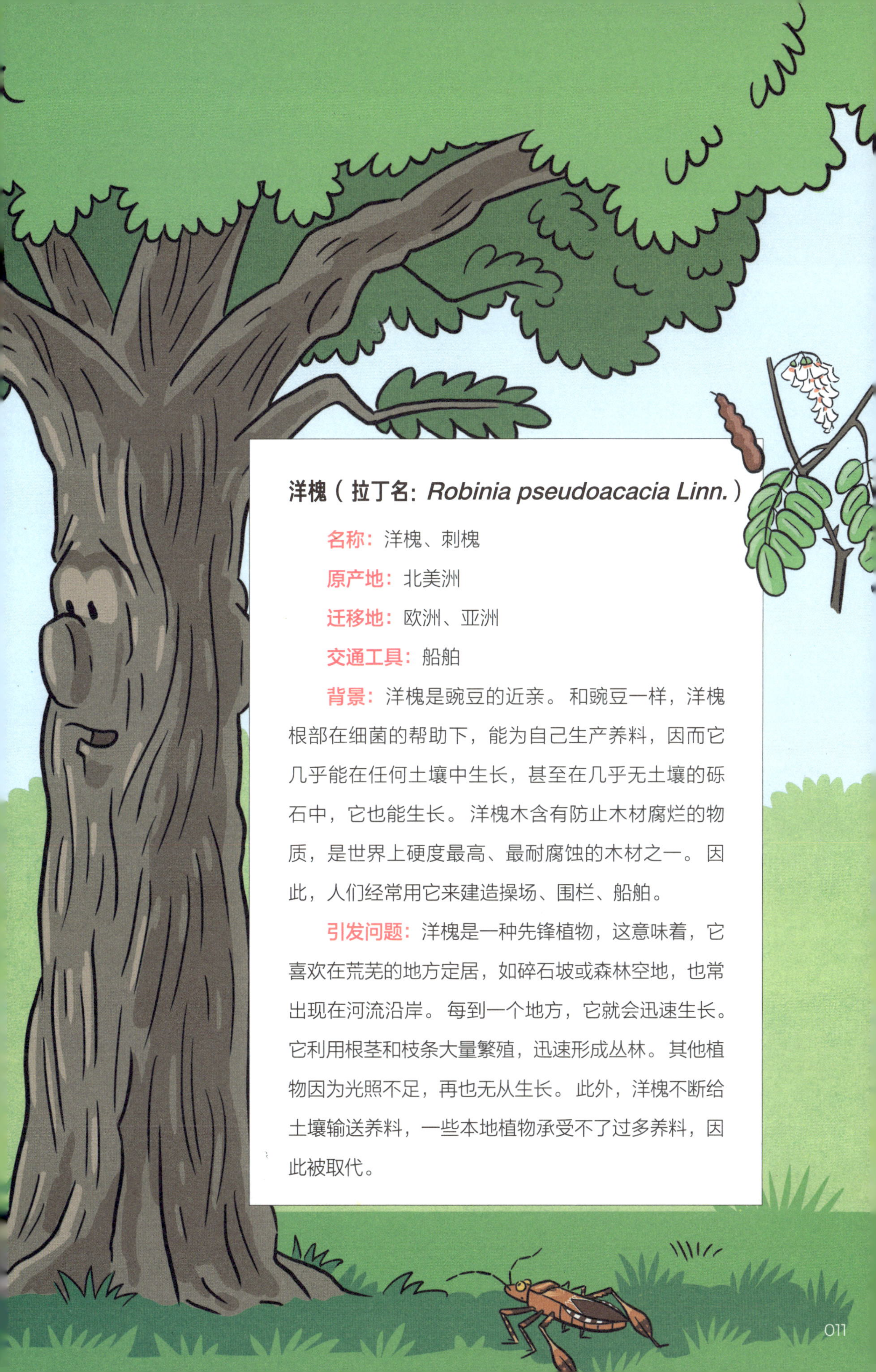

洋槐（拉丁名：*Robinia pseudoacacia Linn.*）

名称：洋槐、刺槐

原产地：北美洲

迁移地：欧洲、亚洲

交通工具：船舶

背景：洋槐是豌豆的近亲。和豌豆一样，洋槐根部在细菌的帮助下，能为自己生产养料，因而它几乎能在任何土壤中生长，甚至在几乎无土壤的砾石中，它也能生长。洋槐木含有防止木材腐烂的物质，是世界上硬度最高、最耐腐蚀的木材之一。因此，人们经常用它来建造操场、围栏、船舶。

引发问题：洋槐是一种先锋植物，这意味着，它喜欢在荒芜的地方定居，如碎石坡或森林空地，也常出现在河流沿岸。每到一个地方，它就会迅速生长。它利用根茎和枝条大量繁殖，迅速形成丛林。其他植物因为光照不足，再也无从生长。此外，洋槐不断给土壤输送养料，一些本地植物承受不了过多养料，因此被取代。

探索之旅开始！

现在，格鲁比真的很好奇，想刨根问底。“格罗萨，我想去拜访一位科学家，问问这些植物从哪来，对我们的环境有什么影响。你要一起去吗？”——“好啊，只要科学家给我一些新鲜松果吃就行……”

他们前往车站。站台上，他们发现了一种植物，在铁轨之间的荒芜砾石上蔓延开来。这会是一个入侵物种吗？格罗萨问：“喂，你到底是谁？”——“你好，我叫艾兰特，是一棵臭椿。”“你好，艾兰特，”格罗萨礼貌回应，“你从哪来的？”“我来自亚洲，但在你们这里也很棒，一个全新的国家！你说，前面的拐弯处有什么？”臭椿指了指远处，铁轨在那里消失了，只看到很多房屋。格鲁比对这个问题感觉有点吃惊，“为什么要问这些？反正你也去不了那里。”——“不是我。”艾兰特郑重其事地说，“我会让我的孩子，就是种子，乘着风飘到那里。我们先锋植物永远大胆进取。”

“先锋植物？那是什么？”格鲁比诧异不已。“嗯，我们是拓荒者，总是先于其他物种到达某地。有些地方，其他植物无法存活，我们却可以茁壮成长。我们无须太多的水或养分，因而能在一些不毛之地生长，比如，这里的砾石床就很不错。等着瞧，明年我们将弯道超车。”——“这么快？”格鲁比惊讶地问。

“我们臭椿长得可快啦。不用多久，砾石床就会变成一片大森林！”这下格鲁比有点混乱：“那你说说，我要怎么乘火车旅行呢？”——“总有办法，朋友！不要绝望！如何抵达目标并不重要，重要的是，勇敢向前迈进。”

格鲁比和格罗萨没时间与心高气傲的艾兰特再聊下去了，因为他们的火车来了。“我们得走啦，再见啦，你保重哦！”瞬间，格鲁比和格罗萨看到，小臭椿消失在车厢下方。

臭椿（拉丁名：*Ailanthus altissima*）

名称：臭椿

原产地：东亚（中国、越南、朝鲜）

迁移地：欧洲（1740 年）

交通工具：帆船

背景：臭椿来到欧洲，起初是作为一种观赏性植物，被种植在公园里。19 世纪中期，它大规模用于丝绸生产，并作为蚕的饲料。

引发问题：作为先锋植物，臭椿生长在休耕地上，如采石场、铁路沿线和路边，也生活在森林里。它的繁殖速度很快，也很难控制。这个过程中，它取代了本地植物物种，甚至可能破坏建筑物和道路。它的树皮、树叶和花粉会让一些人产生强烈的过敏反应。

倾听植物的声音

格鲁比已经安排了与研究入侵物种的奥罗拉·贝加莫教授会面。他们约在大学旁边的草地上。“啊，格鲁比，我等你好久啦，终于见到你本人了！”奥罗拉说，“你想了解入侵物种？这是个巨大的领域，很好玩的！我们开始吧。”

格鲁比点点头。“是的。我是通过格罗萨，就是这个小虫子，才知道这个领域的。它指给我看了我花园里一些迁徙来的植物。我们在车站还遇到了另一个物种。我就很好奇，现在特别期待你的讲解。”——“我很乐意，亲爱的格鲁比。我们最好从基础知识开始。首先，你得知道，自然是由不同的所谓生态系统构成的，并且遍布全世界。而生态系统是特定地区中，例如，河边或湖边，森林、沙漠或海洋里，动物和植物组成的群落。”

“这就像住在一个合租公寓里，对吗？”格鲁比问。“是，这个比喻很恰当。比如，这片草地就是一个生态系统，一切都融为一体，这里的所有生物都互相配合。”——“这是什么意思？”

“这意味着，一个生态系统历经数千年，动植物已经适应了它们的环境。草和草本植物在这片土地生长，是因为它们与这里的土壤相互适应。它们无法在山上光秃秃的岩石上生长，那里还有其他适应山区环境条件的植物。”

“那它们彼此之间的适应情况呢？”格鲁比问。“那里的情况非常相似。只有那些能在同一片草地上一起生活的植物，才会给对方空间。这意味着，它们达成了某种妥协与平衡。”格鲁比想仔细看看，他俯身，聆听植物的声音。

小草说：“肥料！如果我有更多的肥料就好了！噢，我可以扩张，向四面八方延伸，我就是不能被埋没地下。”长叶车前草说：“还要施肥？不，绝对不行。那样一来，你会把我们都弄死。”兰花说：“我不要任何肥料！我的根茎根本承受不了，我对现状很满足。”

“那么，假如出现了某种陌生植物，一个前所未有的物种，会怎么样？”格鲁比问。

“有三种可能性。第一种可能是，这种植物的力量微不足道，无法在新土地上立足。也就是说，它的种子想要发芽，但不是每次都能成功。第二种可能是，这种植物可以在不伤害现有物种的前提下，融入现有的生态系统。第三种可能是，比之其他所有植物，这个植物适应性更强。例如，相比其他植物，它能从土壤中汲取更多的养分。同时，它在新环境中感到非常舒适，从而能不断生长。这样一来，一旦它过度生长，覆盖其他植物，就把其他植物挤垮了。”

1000 个新物种中，只有大约 100 个能在外国的生态系统中定居下来。这其中，又大约有 10 种，是以牺牲其他物种利益为代价进行扩张的。”——“是的，没错，”格罗萨说，“但我就不是一个入侵物种，虽然说我是乘船移民来的。我只要几个小松果就可以了，除此之外，我连苍蝇都不伤害。”

这时，格鲁比从裤兜里掏出一颗洋槐种子，“你说，如果我把这个丢到草地上，会怎么样？”说着，他把种子扔到草丛里。小草说：“终于来了！终于有人带来肥料啦。我又可以扩张啦。”长叶车前草说：“你的肥料？你难道不知道，洋槐长大后，就会夺走我们的阳光？那时我们就麻烦了。”

兰花说：“我刚在这里安顿下来。只要有人存在，你就不能完全依赖生态系统。”洋槐种子回答：“朋友们，真的很抱歉。我不想抢走你们的阳光，也不想让你们的土壤营养过剩，但这是我的生活方式，我无法改变啊……”

“洋槐不适合我们的生态系统，”奥罗拉点评了格鲁比实验性的想法，“如果它们在这里定居，就会形成一个新的、平衡的生态系统，这个系统里再也没有本地兰花或药草了。”格鲁比捡起洋槐种子，放回口袋。他对这片草地和它的居民依然很好奇。突然，有什么东西从后面戳了他一下。格鲁比转过身来——一只山羊出现在面前。

“噢，我来介绍，这就是歌利亚，”奥罗拉教授说，“我们研究用的山羊！”歌利亚友好地咯咯笑。“你在这干吗呢？”格鲁比问。“我在帮助研究人员研究植物如何适应掠食者，而我就是这里的掠食者。”歌利亚咧嘴一笑，自豪地翘起了它的胡子。格鲁比诧异地问：“那掠食者是做什么的？”“我呀，我总是在——吃。”歌利亚说完，就低下头开始吃草。格鲁比听到草地上传来惊恐的叫声。

“注意，山羊来了！快低头！”长叶车前草喊道。旁边的雏菊说：“哦，不，我刚把我的花瓣重新理好，它又来了……”雏菊语无伦次了。因为，歌利亚啃掉了它的花苞。

格鲁比忍无可忍，无法袖手旁观。“别闹了，歌利亚！快停手！你在伤害这些小花！”他使出浑身的力气，想把小山羊从草地上赶走。歌利亚生气了，用角狠狠地顶了格鲁比一下，然后对他抱怨说：“哼，你就是这样对待研究助理的吗？”

奥罗拉安慰说：“嘿，别争了，别争了。别担心，格鲁比。雏菊不会有事的，草地上的居民不仅彼此适应，还要与它们的掠食者妥协。它们会不断重新长出来，毫无压力，因为它们的生长区非常接近地面，山羊嘴啃不到。你看看这朵雏菊。”

靠近地面的地方，已有很多雏菊花蕾含苞待放。山羊一走，花茎开始伸展，花朵就盛开了。“呃，”雏菊抱怨道，“那山羊有口臭，应该刷牙。”

奥罗拉进一步解释：“你看，格鲁比，无论山羊吃多少，都无法破坏草地的生态系统。因为我们的草地植物了解山羊，随着时间推移，还发展了自我保护技能。但世界其他地方，有一些生态系统不认识山羊。这意味着，那里的植物还没有学会保护自己免受山羊之口的伤害。如果现在一只山羊突然进入这样一个生态系统，这些植物就遭殃了。例如，在科隆群岛人类引进的山羊已经把整个地区吃得光秃秃的，变成了类似沙漠的地区。

家山羊（拉丁名：*Capra aegagrus hircus*）

名称：家山羊

原产地：近东、欧洲

迁移地：澳大利亚、北美洲和南美洲、非洲、18世纪世界各地的许多岛屿

交通工具：帆船

引发问题：世界各地的农民，都是为了获取肉食、奶和羊毛而饲养山羊。然而，随着时间推移，其中一些家山羊突破了围栏，变成了野羊。野羊会对本地植物造成极大的损害。此外，18世纪，家山羊常被海员带到岛上，这些羊为那里的人们提供了新鲜的肉食。但岛屿上的生态系统极为敏感，从前从未有过山羊。因此，本地植物无法保护自己，只能屈服于山羊之口。

生态系统

何为生态系统？

生态系统是由包含植物、真菌、细菌和动物的生物群落组成的。它们共同生活在一个栖息地，例如大海、湖泊、草地、山地或沙漠。栖息地可以非常小，小到如一滴水或一粒兔子粪。

生态系统中存在着各物种之间力量的平衡。也就是说，任何物种都不能以牺牲其他物种为代价进行繁殖或过度扩张。

不断变化的生态系统

生态系统发生变化实属正常，并且是一个自然过程。如果森林中发生山体滑坡，岩石滚落到草地上，或者大火摧毁了森林，这里的生态系统都会发生变化。一些物种从中受益，更易繁殖，其他物种则因为变化而遭殃，甚至死亡。不过到最后，剩下的物种之间会建立起新的力量平衡。

生态系统的作用

生态系统数不胜数。它们确保了我们人类能够生活在地球上。例如，海洋中的藻类和陆地上的植物产生我们呼吸所需的氧气。这些草也是动物的食物。小生物也很重要，它们将腐烂的植物和其他有机物转化为新鲜土壤。

然而，如果一场自然灾害使生物的种类从 1000 种减少到 5 种，那么，即便它们之间恢复了平衡，这 5 种幸存的物种也无法恢复原来的职能。例如，如果一个山坡上的所有树木都死了，它们的根就不能再维系陡峭的地形，那么这里很容易发生山体滑坡。

人类和生态系统

人类往往是生态系统变化甚至破裂的主导者。但必要时，人类也是生态系统的救援者。许多人致力于保护栖息地和物种，以求维护现有的、正常运作的生态系统。假如物种种类从 1000 种减少到 5 种时，他们也会深感羞愧。

二氧化碳
氧气
水
养分

生态系统的平衡

下面以阿拉斯加为例，看看生态系统是如何达到平衡的。

起初

海獭

海獭生活在阿拉斯加的海岸，主要以海胆为食。它们潜入水中，从深海中捞起海胆。由于海獭大部分时间都生活在寒冷的海里，因而必须大量进食，以保持其体温恒定在 38℃。

海胆

海胆是纯食草动物，以巨藻为食。如果海胆太多，海藻丛就会被彻底破坏。海獭的猎食则确保海胆不会失控地发展。因此，海獭和海胆之间存在着一种平衡。这使海藻丛得以持存。

巨藻

巨藻是一种长达几十米的海藻，生长在海岸线上。它们在那里形成了名副其实的海中丛林，各种鱼类、蜗牛和甲壳类动物都在这个生态系统中生活。

如果人类把生态系统中的某个物种拿走，生态系统中的力量平衡可能会被打破。

上述例子告诉我们：

人类插手——天平失衡

海獭

海獭皮毛备受人类追捧，因为它可以用来制作暖和的毛皮大衣。由于人类对该动物的密集捕杀，20 世纪初，阿拉斯加附近的海獭几乎灭绝。

海胆

由于海獭数量减少，海胆没有了天敌，便开始无所顾忌地大肆繁殖。

巨藻

海胆越多，所需食物就越多，它们吃掉了越来越多的巨藻。最后，巨藻所剩无几，整个生态系统就被破坏了。因为巨藻不仅是许多鱼类、海洋哺乳动物（如鲸鱼和海豹）以及许多其他动物的食物，而且还是动物幼崽的庇护所和托儿所。巨藻一旦消失，动物们必须去寻找其他的巨藻丛林。

人类再次干预——平衡恢复

海獭

1911 年，海獭被列为保护动物。狩猎海獭的行为被严格禁止。此后，海獭重新开始在阿拉斯加定居。

海胆

海獭重新入住以后，海胆数量也再次趋于平缓。

巨藻

海胆不那么多了，巨藻可以恢复生长，又形成了巨藻丛林。

一个重要的时间点

数千年来，植物和动物一直随着人类迁移。只不过，这种迁移的规模比今天小得多。研究者认为，大陆之间大规模的物种迁徙始于 1492 年。这一年，克里斯托弗·哥伦布发现了美洲。因此，所有 1492 年之前被引入另一个大陆的物种，现在都被认为是本地物种，尽管它们原本不是。

时光机之旅——物种迁移的历史

奥罗拉邀请格鲁比和格罗萨一起去她的办公室喝茶。格罗萨终于得到了一个新的松果。

“物种是怎么开始旅行的？”格鲁比求知若渴。“好吧，你想知道的话，不如我们现在就做个小旅行。”奥罗拉说。她走到一台矗立在办公室角落的、极为罕见的设备跟前，那东西看起来像一个电话亭。“这是时光机。”奥罗拉说。格鲁比诧异不已，满腹疑虑地进入机器，格罗萨也同样怀疑。

奥罗拉说：“我正给时光机编程，让它回到公元前一万年。你们准备好了吗？”格鲁比和格罗萨谨慎地点点头。奥罗拉按下了红色按钮，时光机开始摇晃起来。几秒钟后，它安静了下来。

冰河时代末期

一行三人有点吃惊地走出了时光机，他们在一个巨大的冰川边缘着陆。奥罗拉解释说："我们正处于最后一个冰河时代的末期。从前覆盖着欧洲大部分地区的大冰川正在融化，并退回到阿尔卑斯山谷中。它们留下的不过是数百万吨的瓦砾和石头。这一时期，瑞士、奥地利和德国的大部分地貌都是如此，四面八方光秃秃的，没有森林，没有灌木丛，没有草地。不过，看看现在发生了什么。"她用手指着上方。

格鲁比和格罗萨看到一个小点，正慢慢变大，原来是一只乌鸦，它正好落在格鲁比面前。"你好，我是埃尔斯贝特。这里太冷了。你能告诉我哪条路通往最近的树篱吗？"——"对不起，"格鲁比回答，"我猜这里只有石头。"——"哦，那我一定是迷路了，再见。"它迅速丢下一堆东西，转眼间就不见了。

“太厚脸皮啦，这黑鸟，”格鲁比嘲笑，“直接把粪便拉在我们脚下。”格鲁比弯腰跨过了鸟粪。这时，他突然听到一个微弱的声音：“不要挡住我的太阳！”竟然是花楸树种子。它与浆果一起进入乌鸦的胃，并利用鸟的肠道偷渡旅行。

“植物总是依靠自己的力量，用这样的方式旅行。这就是大自然的运作方式。通过鸟类，瑞士、奥地利和德国也拥有了草地、树篱和森林。”奥罗拉解释说。“花楸果算是入侵物种吗？”格鲁比问。“不，自己旅行的物种不算，它们属于本地物种。”此时，三人爬回时光机。教授将机器编程到公元 100 年，一阵短暂的刺耳声后，突然鸦雀无声。

威尼斯
土耳其
伊拉克
伊朗
塔克拉玛干
喜马拉雅
北京
中国
印度

重访丝绸之路

他们再次打开时光机的门，一阵强光直射眼睛：他们站在沙漠的中央！“欢迎来到塔克拉玛干沙漠！”奥罗拉教授郑重地说。眼前的景象令他们震惊。“哇，沙子热得吓人！”格鲁比感叹，格罗萨迅速躲到了他的肩膀上。奥罗拉已经爬上了一个沙丘，向他们挥手：“喂，过来呀，快来看看这个，下面来了一个商队！”“商队？”格鲁比和格罗萨异口同声地叫，赶紧冲上沙丘。他们在沙丘上俯瞰，一长队的商人和骆驼正缓缓前行，骆驼身上驮着大麻袋。队伍悠闲地走在沙地上。“他们去哪里？”格鲁比问。“他们要将货物从中国运往欧洲，”奥罗拉解释，“眼前就是著名的丝绸之路。他们把中国的香料、织物、丝绸、宝石和金银制品运往欧洲。几个世纪以来，丝绸之路都是东、西方最重要的贸易路线之一。商人们还从亚洲带来了各种植物，其中一些已在欧洲定居。”

人类贸易开始之前，对动物和植物来说，塔克拉玛干沙漠是不可逾越的障碍，因为，沙漠里几乎没有水和食物。“走，我们去和那个商人谈谈。说不定他还会给我们看看麻袋里有什么。”奥罗拉说。他们艰难地穿过沙地，来到那个商人身边。商人看到这些陌生人，立马示意载货动物停下。格鲁比友好且好奇地指着其中的一个麻袋，“请问你们运载的到底是什么？”小伙子茫然地看着格鲁比，他听不懂格鲁比在说什么，幸好奥罗拉可以翻译。

“这是中国独有的东西。”商人解释，并打开麻袋。格鲁比往里一看，吃了一惊：“竟然是核桃！”奥罗拉解释：“严格来说，核桃是外来植物，最初是随着丝绸之路贸易才来到欧洲。不过，在欧洲，核桃被归为本地物种。”格鲁比很困惑：“这东西明明是引进的，为什么还算是本地的？要在欧洲生活多长时间才能算作本地物种？”

奥罗拉笑了，“很好的问题，我们科学家已经对历史时间点达成了一致。这个时间点之前引入的任何东西都是本地的，之后则是外来的。我们现在就去这个时间点。”三人礼貌地告别了商人，坐进时光机。奥罗拉重新给时光机编程——这次是 1492 年。

拜访哥伦布

三位时间旅行者降落在一个漆黑狭窄的屋里，墙壁由木头制成，地板咯吱作响。“我们这是在哪儿？”格罗萨轻声问。“我们在一艘船上登陆了，”奥罗拉说，“而且，是圣玛丽亚号。”——“太疯狂了！”格鲁比感叹，因为他历史学得好，所以马上就明白了，“圣玛丽亚号是哥伦布的帆船。”——“哥伦布是谁？”格罗萨问，它实在不知。“克里斯托弗·哥伦布是意大利航海家。西班牙女王委任他寻找通往印度的新航路，这个过程中他偶然发现了美洲大陆。”格鲁比解释。“哥伦布先生在吗？”格鲁比敲了敲小屋的门。“请进！”有人答道。进入房间，他们又大吃一惊：克里斯托弗·哥伦布真的坐在面前！他看到这些陌生人，皱起了眉头：“你们怎么上的船？是税务局的吗？”“真的不是，”奥罗拉用一口流利的意大利语回答，“我们是探险家，嗯，就是，来自未来时代的学者。我们想和你谈谈欧洲和印度之间将来的贸易。”“太好了！终于有人能理解我了。我们直奔印度，一直向西，绕地球半圈。”

格鲁比清了清嗓子，悄悄在奥罗拉教授耳边说：“我们是不是应该告诉他，他去的是美洲，而不是印度？”教授低声回答：“不，不，这人有点固执，不会相信我们的。”她接着说：“那各大陆之间的贸易情况是怎样呢？你有什么计划？”

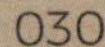

“噢，先生们，这很伟大！我们把黄金和白银从新世界带回西班牙。作为回报，我们会在新世界建立殖民地，并种植小麦、洋葱、莴苣、豌豆、甜瓜、葡萄等。然后，我们会引入马匹、绵羊、山羊和猪。哈哈！把我们的动物从欧洲带到殖民地，就快活似神仙啦。”这时，外面传来一阵欢呼声：“大陆就在前面！”

哥伦布一跃而起，跑到甲板上。把客人晾在一旁。

“我觉得我们最好现在就走。”奥罗拉说。他们爬进时光机后，格鲁比问：“如果所有植物和动物到达美洲后，会发生什么？”——“对美洲生态系统来说，就是灾难。进口的马匹狂奔，形成巨大的种群，践踏土壤，吃掉本地植物。西班牙人还从欧洲带来了他们自己的草种和许多其他植物种子，它们在那里肆意生长，取代了本地植物。从前，没有什么地方一下子会引入这么多的新物种。所以，美洲的发现，被视为世界范围内物种大规模迁徙的开端。”

奥罗拉对时光机进行了最后一次编程。

紫翅椋鸟
赤狐
原鸽
6
9
红耳龟
西部喙缘蝽
2
穴兔
普通滨蟹
浣熊
信号小龙虾
海狸鼠
1
黑鼠
N
O
S
2
家猫
海蟾蜍
全球扩张
3
山羊
中国麻棕
黑莓
大叶醉鱼草
凤仙花
加拿大
一枝黄花
日本虎
大豕草
1
2
3
4
5
6
7

今天的物种旅程

三位旅者很快就回到了实验室。奥罗拉展示了一张世界地图，上面标出了他们今天的旅行路线，并解释道：“自哥伦布以来，越来越多的物种已经上路了。如今，它们通过各种现代交通工具旅行——轮船、飞机、火车和汽车，总和人类绑定在一起。”

“通过这些运输工具，货物被运输或随着人们旅行。而随着货物和人的到来，新的动物和植物也随之而来。许多物种是偷渡的，而且是不由自主地被运输，就像格罗萨。”

“所以，亲爱的，我这里的情况就是这样，如果你想进一步了解入侵物种，可以继续研究。这是菲蒂奇女士的地址，你可以在她那里了解蚂蚁是如何经过长途跋涉来到我们身边的。”与奥罗拉道别后，格鲁比就带着格罗萨出发了。

穿越时间的旅行

世界入侵物种数量：

30种

60种

98种

1209种

9909种

17172种

公元500年 公元1000年 1492年 1800年 1950年 2000年

亲爱的奥罗拉：

有次开会，我们发现，克里斯托弗·哥伦布并不是第一个用船将新物种运送到大洋彼岸的人。早在几十年前，维京人就干过这事儿！

1310 年左右，他们把沙蛤从北美洲带到了欧洲。这些贝壳原本是他们横渡大海时的补给品。他们抵达欧洲海岸后，把没吃完的东西倒在水里。这个物种就这样在欧洲定居了。

我们研究小组已经探寻了北海浅滩的沉积物。我们在 700 年前的土壤层中发现了沙蛤壳。也就是说，在哥伦布之前近 200 年，维京人早已将第一个新物种引入欧洲。

你看，科学不断刷新着我们的世界观。

诚挚问候你！

亨宁

你知道它们的区别吗？

科学研究用许多不同的术语来描述入侵物种。你知道下面这些专业名词的区别吗？

外来物种

外来物种可以是动物、植物、真菌，或是被人从一个大陆转移到另一个大陆的病原体。它们仅靠自己的力量，长途旅行绝不可能。外来物种只要不过度扩张，就不是问题。

入侵物种

如果外来物种在新的家园大量繁殖和传播，就称为入侵。一个物种入侵到一个新的地区，并且，在这个过程中，它取代了本地物种，所以被称为“入侵物种”。

本地物种

本地物种是一直生活在某个地区的动物、植物、真菌或病原体，也包括那些靠自己力量旅行的物种。已经在本地灭绝又被人为重新引入的物种，不属于外来物种。瑞士的本地物种有河狸、山羊和秃鹫。

其他概念

外地物种、外带物种、引进物种和新生物种是“外来物种 ”的同义词。入侵物种与“外来植物物种 ”同义，新生物种与“外来动物物种 ”同义。

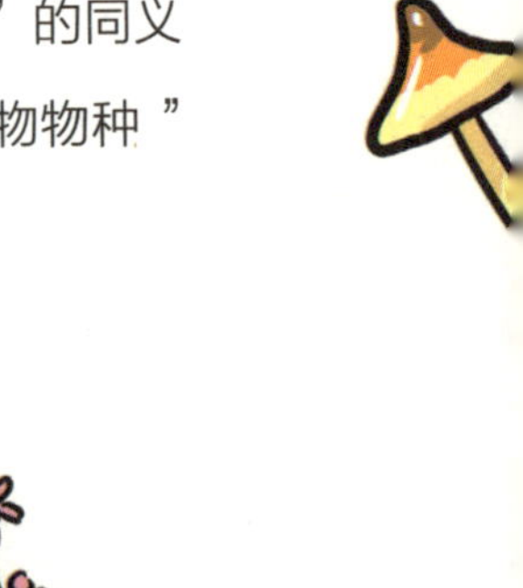

光肩星天牛
杀手虾
花蛤
黑嘴虾虎鱼
斑马贻贝
夸加贻贝
亚洲虎蚊
亚洲瓢虫
亚洲超级蚂蚁
红领绿鹦鹉
花蛤
亚洲胡蜂
桂樱
洋槐
臭椿
1
3
4
5
7
8
10
1
3
8
9
10

欧洲迁出了什么？

新物种不仅会迁入，一些原产于欧洲的物种也已经迁出到国外，并引发了其他大陆上的问题。动物和植物之间会出现物种选择，有时会在世界各地产生毁灭性的影响。

原鸽（拉丁名：*Columba livia*）

名称：城市鸽或街头鸽

迁移地：北美和南美、澳大利亚、新西兰

交通工具：船舶

背景：城市鸽是生活在地中海地区野生岩鸽的后代，通常在房屋外墙、混凝土窗台，以及任何能找到水平表面的地方筑巢。

引发问题：城市鸽的粪便会弄脏房屋表面、人行道、长椅、汽车和雨棚。不仅看起来很丑，而且闻起来很臭。市政府不得不花大量资金清除鸽子粪便。鸽子也可以通过粪便传播疾病，如组织胞浆菌病。荚膜组织胞浆菌是一种侵袭肺部的真菌，能引发咳嗽和发烧。

黑莓（拉丁名：*Rubus fruticosus*）

名称：黑莓

迁移地：澳大利亚

交通工具：船舶

引发问题：黑莓生长迅速，可以完全覆盖一个地区。它们的叶子夺走了其他植物的光线。在澳大利亚，黑莓没有天敌，它们畅通无阻地传播，只能通过连根拔除或喷药来控制，费时费钱。

赤狐（拉丁名：*Vulpes vulpes*）

名称：赤狐

迁移地：北美洲、澳大利亚

交通工具：船舶

背景：赤狐是世界上最狡猾的捕食者之一。它们对新环境适应力极强，闻到任何好吃的，都会吃。19 世纪时，英国人为了传统的猎狐活动将赤狐引入澳大利亚。

引发问题：在北美洲，赤狐会吃走地鸡。在澳大利亚，它们至少造成了 20 个物种的灭绝。

普通滨蟹（拉丁名：*Carcinus maenas*）

名称：普通滨蟹

迁移地：加拿大、美国、巴塔哥尼亚、澳大利亚、南非、日本

交通工具：船舶（压舱水箱）

引发问题：滨蟹是名副其实的干饭机器。它们吃活蜗牛、贻贝和幼鱼等。它们的食谱上有超过 150 种不同物种。它们的贪婪进食危及了本地物种。对贝类和鱼类养殖场来说，它们是可怕的害虫。在美国西部，仅滨蟹对贝类养殖场造成的损失，每年估计就有 2200 万美元。

家猫（拉丁名：*Felis silvestris catus*）

名称：家猫

迁移到：除南极洲外所有大陆

交通工具：船舶、陆地交通工具

背景知识：18 世纪和 19 世纪，家猫被带上船，用来捕鼠。因为船只经常要停靠岛屿，补给水和食物。家猫就这样来到这些岛屿。并且以此方式，家猫走遍了世界。

引发问题：猫是高超的捕食者，会捕捉小型哺乳动物、爬行动物或鸟类。它们极擅攀爬，猎物即使上树也无法幸免。世界各地的许多岛屿上，野性十足的家猫已致使鸟类、两栖动物和哺乳动物物种减少甚至灭绝。

黑鼠（拉丁名：*Rattus rattus*）

名称：黑鼠

迁移地：所有大陆，包括南极洲

交通工具：主要是船舶

背景知识：2000 年前，远在美洲发现之前，罗马人就把黑鼠从亚洲带到欧洲。它也因此被认为是瑞士本地物种。15 世纪起，随着海上交通的增加，黑鼠从欧洲传播到世界各地。

引发问题：黑鼠的适应能力极强，繁殖迅速，是杂食动物。因此，岛屿生态系统被严重破坏，许多鸟类、哺乳动物、爬行动物、昆虫和植物走向灭绝。它们还会向人类传播各种疾病。

紫翅椋鸟（拉丁名：*Sturnus vulgaris*）

名称：紫翅椋鸟

迁移地：北美洲和南美洲、非洲、澳大利亚、新西兰

交通工具：船舶

背景：1890 年前后，美国纽约中央公园放飞了一批椋鸟，因为人们希望威廉·莎士比亚戏剧中出现的各种鸟类也在美国定居。椋鸟的繁殖速度非常快，如今，北美大约有 1.5 亿只椋鸟。澳大利亚和新西兰也在 19 世纪放飞椋鸟。人们认为椋鸟会在两年内消灭危害农作物的害虫。

引发问题：椋鸟不仅吃害虫，它们还偷袭田地和果园，吃苹果、樱桃、桃子和玉米，或者啄食新播的种子。它们在农场吃动物饲料，产生大量粪便，污染了整个城市公园、汽车、人行道和街道，而且它们的粪便会把疾病传播给农场动物，也会传染给人。

不可忽视的蚂蚁

格鲁比和格罗萨见到了城市害虫防控部的菲蒂奇夫人。她认识几年前引入苏黎世的一种蚂蚁。这蚂蚁有一个奇怪的名字：亚洲超级蚂蚁。这种蚂蚁喜欢在人类定居的地方居住。你可以在教学楼的窗台上和花园石板下找到它们。

菲蒂奇夫人带着客人驱车前往教学楼。一位老师从窗子探出头来，喊道："太好了，你来了，菲蒂奇夫人。这野东西又进教室了，在我桌上到处产卵。""别担心，我们会处理好！"菲蒂奇夫人喊话回答。这时，格鲁比发现了一只蚂蚁，它正沿着房子的墙壁爬行。格鲁比走近，听到它说："我要收集、收集、收集。我要收集，收集，收集。我要……"蚂蚁发现了格鲁比，它停了下来。"你好，小蚂蚁。"格鲁比说。

蚂蚁好奇地望着格鲁比，朝他伸了伸触角。终于，它说：“早晨好！你有甘草、糖、面包、饼干、奶酪、姜饼、橄榄或者别的什么吃的东西吗？我想收集起来。”

格鲁比吃了一惊——它很清楚自己要什么嘛！他在口袋里翻找，一块甜东西滚了出来，蚂蚁把它舔掉了。“嗯，覆盆子，我喜欢这个。我收集、收集、收集这些东西，带给我的蚁后们。”——“等等，”格鲁比说，“你们有不止一个蚁后吗？”——“哦，是的”，蚂蚁回答，“我们生活在一个超大的群体中，其中有几十只，有时甚至几千只蚁后领导。它们之间从不发生任何争执，团结使我们强大，这是我们成功的秘诀。”

亚洲超级蚂蚁（拉丁名：*Lasius neglectus*）

名称：亚洲超级蚂蚁、入侵性花园蚁

原产地：中东

迁移地：欧洲

交通工具：卡车（大概是在花盆中）

背景：拉丁文 neglectus 的意思是“被忽视的”或“被忽略的”。因此，该物种在德语中被称为“被忽视的蚂蚁”。1990 年，科研人员才承认它是一个独立物种。

引发问题：超级蚂蚁会在房里筑巢，几乎很难赶走。这让房屋贬值，引起经济损失。蚂蚁本身无害，但如果数量过多，受灾房间往往就变得没法住了。它们还在电源插座上繁殖，可能导致电路短路和断电。如果从这种房子里搬出来，这些蚂蚁会和你一起搬，它们藏在盆栽或其他东西中。而且，亚洲超级蚂蚁在树上供养蚜虫，蚜虫群体发展壮大，致使树木日渐虚弱，直至死亡。

格鲁比吞了吞口水。“我得继续忙啦，”蚂蚁说，“我从 11 点开始工作，负责苹果树上的蚜虫。”“你也吃蚜虫吗？和瓢虫一样？”格鲁比问。“不全是。我们饲养蚜虫，就像人饲养鸡或牛一样。我们把蚜虫的尿液挤出来，它们像糖一样香甜，然后把这些蜜汁喂给我们的婴儿和蚁后，保证蚁后产更多的卵，这样我们的帝国就会发展得更快。”说完，蚂蚁不见了。

菲蒂奇夫人从包里拿出一管有毒的凝胶。“我沿着墙壁一滴一滴地滴洒这个。蚂蚁会收集凝胶并将其带回巢穴，这样它们的整个巢穴就会中毒。”

“没有别的解决办法吗？”格鲁比惊愕地问。“很遗憾，没有，”菲蒂奇夫人说，“如果不打击亚洲超级蚂蚁，它们很快就会遍布全城，不仅会取代我们的本地蚂蚁物种和其他昆虫物种，还会严重破坏建筑物和树木。”

步步逼近的亚洲胡蜂

一种新的亚洲胡蜂来到瑞士，主要以蜜蜂为食

2017 年 4 月，亚洲胡蜂越过瑞士边境，其巢穴首先在汝拉州被发现。对瑞士蜜蜂来说，这个新物种可能成为大患，因为它们是亚洲胡蜂的主要食物。对我们人类而言，蜜蜂非常重要，而且它们的天敌和问题已经够多了，所以，养蜂人非常担心。联邦和各州已制定打击亚洲胡蜂的计划，以求保护蜜蜂蜂巢。最佳的办法是摧毁亚洲胡蜂的蜂窝。不过，这些工作只能由专家完成。

亚洲胡蜂起源于东南亚，可能是通过货船来到欧洲的。2004 年，法国西南部首次发现亚洲胡蜂，自那时起，它们开始在欧洲传播。

格鲁比在地铁上读报纸

物种是怎样旅行的?

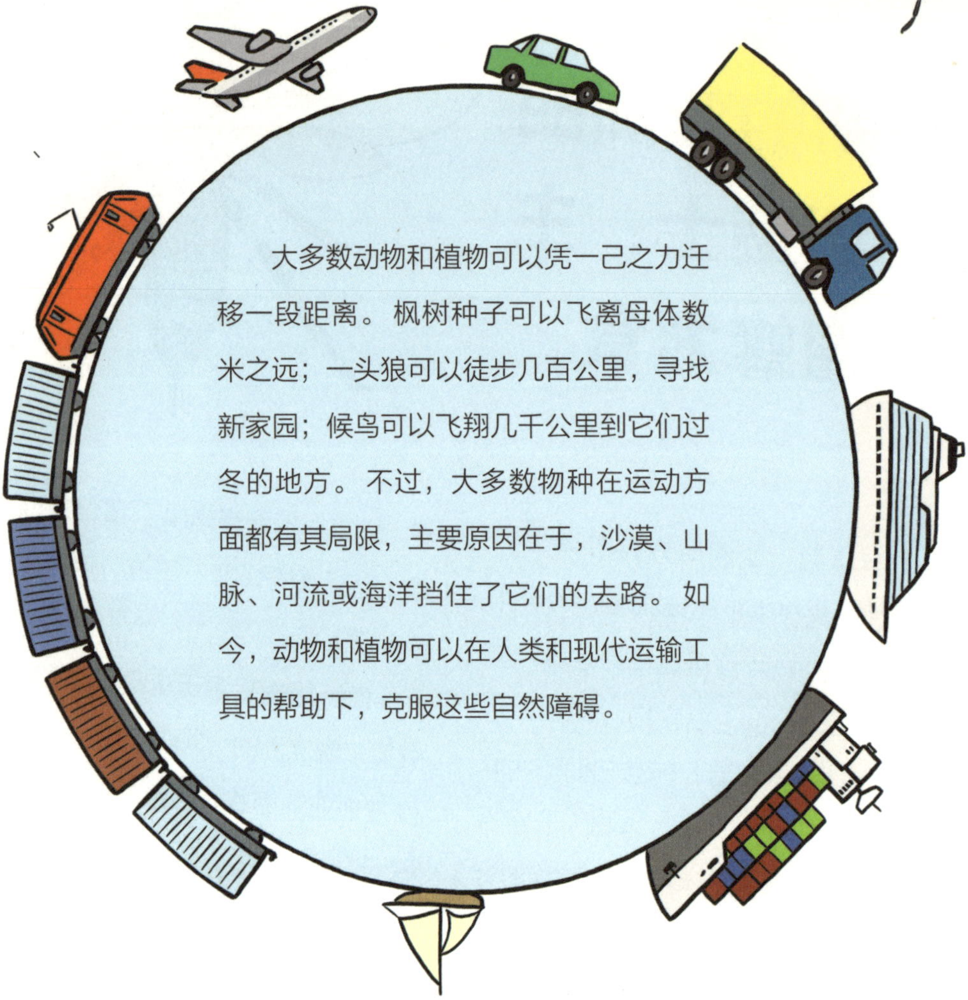

大多数动物和植物可以凭一己之力迁移一段距离。枫树种子可以飞离母体数米之远;一头狼可以徒步几百公里,寻找新家园;候鸟可以飞翔几千公里到它们过冬的地方。不过,大多数物种在运动方面都有其局限,主要原因在于,沙漠、山脉、河流或海洋挡住了它们的去路。如今,动物和植物可以在人类和现代运输工具的帮助下,克服这些自然障碍。

公路和铁路运输

公路和铁路打通了各个国家和所有大陆,它们逾越了山脉、河流或沙漠等自然阻碍。动物和植物常常无意中被卡车或汽车从一个地方带到另一个地方。例如:

亚洲虎蚊——利用汽车偷渡旅行,穿过圣戈达隧道,来到了阿尔卑斯山北侧。

狭叶油菜——19 世纪，狭叶油菜的种子通过羊毛，从南非来到德国北部城市汉诺威。它们从那里再经由铁路和公路穿越欧洲。

中国麻棕——作为一种观赏植物，借助货车迁移到世界各地。

船只

渡轮、游轮和货轮在大陆之间旅行。有了它们，动植物可以迁移更远的距离。或者通过货船集装箱，或者通过压舱水箱，它们常常能走到天涯海角。

例如，光肩星天牛、黑嘴虾虎鱼、斑马贻贝、杀手虾这四个物种都是通过这种方式入侵其他地区和国家的。

飞机

飞机可以在一天之内将货物运送到世界各地。与此同时，它们将新物种带进带出。世界上大部分动物贸易都是通过空运完成的。动物园的动物、宠物店的动物——都是通过飞机抵达目的地。此外，新物种也会随着进口新鲜产品，如蔬菜或水果，到达我们身边，如蚜虫等害虫。

例如，蓟马（现在除极地地区外到处都有）或花上蜘蛛，就是通过空运实现迁移的。

邮寄

如果想把一个物种从一个大陆挪到另一个大陆，如今你只需要一台电脑和一张信用卡。世界各地的网上都能买到植物种子或活的昆虫，然后利用邮寄交付货物，非常便捷。不过，受保护的动物和植物是禁止贸易的。

植物贸易

观赏性植物和实用植物今天也在世界各地进行交易。苗圃和花卉交易市场大量购买和出售植物和种子。真菌孢子、种子，昆虫、蜘蛛或其他小动物很容易藏在植物中，也可能藏在土壤中，完成迁移。

宠物贸易

宠物很受欢迎。很长一段时间以来，宠物不局限于狗、猫和豚鼠。不少人也把蚱蜢、甲虫等昆虫当宠物饲养，甚至还养蜘蛛（如狼蛛）或两栖动物（如青蛙和蝾螈）。今天，我们可以在宠物商店随意买到它们。

尤其是互联网或宠物展会，常常暗中出售受保护和禁止贸易的物种。我们应避免参与这种交易。

货物运输

我们每天都在运输各种用品，包括汽车、冰箱、文具、书籍、食品、动物饲料、建筑材料、服装等，昼夜不停。其中一些货物可以夹带动物或植物种子。有时，货物被装进木箱或者货盘上，以便保护它们度过漫长的旅途，并且更方便运输。昆虫则会藏在木头里迁移。例如，亚洲长角甲虫已经抵达欧洲。

旅游业

旅行结束后，我们总会带纪念品回家。海滩上的贝壳或沙子、石头，抑或是粘在我们登山靴上的泥土，这些东西里就藏着种子、虫卵或小动物。它们同我们的行李一起跟着我们漂洋过海。

动物园和植物园

动物园、水族馆和植物园也是入侵动物和植物的传播源。

动物园里的动物常会逃跑。气候合适的话，它们能在动物园外定居繁衍。小型动物园屡屡发生这种情况，有时会直接将这些动物放生。例如，浣熊和红领绿鹦鹉被引进德国后，起初就只生活在动物园里，如今已在野外繁衍。为了给动物提供熟悉的环境，动物园也会培育外来的植物，它们的种子很容易被风或雨水带走，或者夹带在游客鞋子里，开始旅行。

植物园也是如此。如牛津豚草，起源于西西里岛，18 世纪初被带到牛津大学的植物园。因为它的种子随风传播，所以没过多久，这种植物就遍布了牛津。

机场入境处

格鲁比和格罗萨开车前往苏黎世机场。他们已经安排好在那里与联邦植物保护局的汉斯佩特·迪姆会面。他在检疫部门工作，专门研究疾病和虫害。他说，所有乘坐飞机抵达瑞士的植物、水果和蔬菜、鲜花、种子及其他易腐烂的货物都必须接受检查。汉斯佩特将他们带入一个大厅，这里到处都是纸箱子。

“那我们开一个看看。”他说着，用刀片划开了箱子上的胶带。当他把箱子的盖子打开时，里面传出一股冲鼻的味道。“这是来自亚洲的罗勒，”汉斯佩特解释，“格鲁比，你看看从这一丛里能找到什么。”格鲁比仔细看了看罗勒的叶子。过了一会儿，他说：“没看到什么像动物的东西。”“等等，最好拿放大镜看，会看得更清楚。”汉斯佩特说。

格鲁比用放大镜看了看，还是一无所获。汉斯佩特打开第二个盒子。格鲁比开始检查另一丛罗勒。突然，他把它丢在地上。“哎呀，长翅膀的小怪物在罗勒叶子上安家了！会飞的怪物！”“还好，这是蓟马。它们不伤人，但会吸走植物汁液，甚至破坏全部收成。”汉斯佩特解释说。

“你成功啦，整个箱子里都有虫子。我们得看看它是哪种蓟马。”他带着格鲁比和小虫走进实验室。这儿有个装置，只有手提包那么大。他将几只蓟马放入小容器中，往里面滴了一滴液体。

“这种液体会将蓟马的细胞分解，并促使其中的遗传物质释放出来。可以说，遗传物质是每个生物的身份证。在这种情况下，它可以准确地告诉我们它是哪种蓟马。”汉斯佩特将容器放入机器中。40 分钟后，结果出来了。

“啊，我的天啊，格鲁比。这些是节瓜蓟马。菜农特别害怕它们，因为它们不仅吸取植物的汁液，从而削弱或破坏植物，而且还会传播疾病。”——“现在怎么处理这些罗勒呢？”格鲁比问。“我们必须烧掉全部货物。只有这样，才能确保节瓜蓟马不会进入瑞士。”汉斯佩特打电话给机场的垃圾清运部门，很快就来了一辆大型的垃圾车。格鲁比和汉斯佩特把装有罗勒的箱子扔了进去。“这么好看的罗勒，太可惜了！”格鲁比叹了口气，“我可以留一点点做今晚的沙拉吗？”——“不行，不行，不行，这可是严令禁止的！”汉斯佩特解释说。“节瓜蓟马可能会趁机逃走并在附近的花园或温室里安家。它们可以从那里传播到整个欧洲。那将绝对是一场灾难。”

节瓜蓟马（拉丁名：*Thrips palmi*）

名称：节瓜蓟马

原产地：东南亚

迁移地：除欧洲外的世界各地

背景：1921 年，人们在苏门答腊岛的烟草植物的叶片上发现了节瓜蓟马。随着全球蔬菜和水果贸易的发展，它们已经遍布世界。它们只有在热带气候中才能繁衍后代。这就意味着，在中欧它们只有在温室中才能长期生存。节瓜蓟马在欧洲的温室里多次被发现。不过，它们可能已经被全部消灭。

引发问题：节瓜蓟马有一个小的刺吸式口器，用来刺入叶子或果实并吸取汁液。在受到严重侵扰的情况下，植物会萎蔫，以至于死亡，这可能会导致农作物的收成锐减。节瓜蓟马会侵扰许多不同种类的蔬菜，如西瓜、茄子、黄瓜、罗勒、马铃薯、西红柿、辣椒。它们在田地和温室中都能造成巨大的损害。

海龟救助站

格鲁比和格罗萨在回来的路上经过一个垃圾袋。突然，他们听到一声大叫：“救命啊！有人吗，有人能救救我吗！？”格鲁比拿出他的小刀，小心翼翼地割开垃圾袋。在扑面而来的臭气中，他从空酸奶盒和皱巴巴的防油纸中间发现了一只乌龟。

“啊，天哪，你是怎么进入这个袋子的？”格鲁比惊愕地问道。乌龟说：“我的主人把我直接扔了。”——“太卑鄙了！”格鲁比骂道。“真是差劲！”格罗萨附和着说。“对了，我是格鲁比，这是我的朋友格罗萨。”——“我叫卡普，是一只红耳龟，来自北美洲。我的小主人是在网上的一个动物商店买的我。我是被空运到瑞士的。他让我住在外面花园的池塘里，但我从来没吃饱过。”——“那后来出了什么事呢？”格鲁比问道。

“唉，后来，”卡普有些内疚地说，“因为我太饿了，就吃了池塘里青蛙的卵，还有所有的小蝌蚪……然后还有水蜗牛，但是这种水蜗牛身上并没有多少肉，所以我最后也吃了池塘里的金鱼，总共 23 条……你们应该看看我小主人的脸。”“天啊，卡普，那一定不会是好脸色！”格鲁比惊叹道。“但是我们现在要怎么帮你呢？”——“我以前听说，有一个针对被遗弃海龟的救助站。你们可以带我去那里吗？”——“当然可以！”格鲁比和格罗萨异口同声地说。

格鲁比查到了海龟救助站的地址并往那里打了电话，然后他和格罗萨带着卡普出发了。“格鲁比，请进，请进！”救助站的站长赫尔曼·科勒打招呼说。他带着这几位客人穿过房子，走进花园。“这儿太美了！”卡普感叹地说。他们看到花园各处都有小乌龟从池塘、水族馆和小房子里探出头来好奇地看着他们。“它们都是在垃圾袋里发现的吗？”格鲁比问道。“不是，不是，还好不是。乌龟因为各种原因来到我们这里，”赫尔曼解释说，“有的是因为主人无法妥善地照顾它们；有的是农民在地里发现的；有些是直接从机场来的；还有些则是被放生在沙滩上或者是通过马桶被冲到下水道的。很多种类的海龟都非常贪吃，它们会吃光所有它们能找到的东西，因此它们经常被主人送走。来到我的救助站里，它们就不会再伤害其他物种，而且可以活得很好。”

格罗萨正喝着自己最爱的果汁，它问道："今天这儿的午餐是什么呀？”——“乌龟什么都爱吃，”赫尔曼一边回答，一边拿来一个桶，里面装满了冷冻的小鱼。“我们给海龟吃美味的鱼，给陆龟吃蔬菜。”格鲁比在分发生菜和西红柿时，突然被碰了一下。格鲁比跳到了一边，在他面前站着的是一只巨大的乌龟。“劳驾，我叫苏尔卡，是苏卡达陆龟。也有给我吃的东西吗？”——“这边来，我们有很多生菜呢。”格鲁比边回答边递给苏尔卡一大把叶子。

红耳龟（拉丁名：*Trachemys scripta elegans*）

名称：红耳龟

原产地：北美洲

迁移地：欧洲

交通工具：飞机

背景：红耳龟属于淡水龟。它们的幼崽已经在欧洲的市场上出售多年，是受欢迎的、需求较低的宠物。在它们的故乡北美，它们仍然作为宠物而被饲养，并被运往世界各地。红耳龟在刚开始的时候很容易饲养，因为它们几乎不怎么占地方。但它们会越长越大，水族箱里的环境很难符合饲养的要求，因此，许多饲养者会在几年后将它们放生。在自然界中，这些动物无法繁殖，因为这里太冷了。但随着气候变暖，或许在几十年后它们就能了。红耳龟的寿命可达 40 年。在这么长的时间里，它们会造成一些危害。

引发问题：特别是年幼的红耳龟非常贪吃，它们会吃掉在水域中找到的所有适合它们口味的动物。它们的食物包括鱼卵、蜗牛、贝类动物、水生昆虫、两栖动物和爬行类动物。因此，它们会威胁到同一水域中的其他动物。年长的红耳龟多以植物为食，因此相比之下危害较小。

狂妄的小龙虾

第二天，格鲁比在巴登和渔夫赫伯特·弗里茨见面。后者想向他展示如何处理一个入侵物种。格鲁比和格罗萨在一个大池塘边找到赫伯特，他正在拉一条伸入水中的线。“那是鱼竿吗？”格鲁比立马问道。“啊，你好啊，格鲁比！你吓我一跳！不是，这不是鱼竿，不过也差不多。”赫伯特说。在这条线的末端挂着一个看起来像篮子的东西。“这是一个捕鱼笼，”赫伯特解释说，“我用它抓信号小龙虾。捕鱼笼的两边各有一个漏斗状的开口，小龙虾通过这两个开口进到捕鱼笼里，就再也出不去了。我用一块肝脏做诱饵，把它固定在鱼笼里。小龙虾爱吃肝脏。”

赫伯特把捕鱼笼拉到岸上，打开它，把里面的东西倒进一个大桶里。几十只小龙虾在里面翻腾。“这些是信号小龙虾，”赫伯特说，“它们来自北美洲。如今，该物种正在欧洲的水域蔓延，并威胁到本地小龙虾。”格罗萨很高兴，它用浓重的美式口音说：“来自家乡的伙伴，真是太好了！你好呀！”不过，信号小龙虾并没有心情聊天。“这是我们的池塘。马上放了我们，要不然我们用钳子夹你们！”

赫伯特熟练地抓起一只小龙虾，把它举到格鲁比的面前。“在每个钳子上，你都能看到一块亮斑，仿佛它们想用它的钳子发出什么信号。它们的名字就是这么来的。”“我也可以拿起一只吗？”格鲁比问道。“当然可以，不过要注意，它们真的爱夹人，最好从背后抓它，这样它就不能用钳子夹你的手了。”格鲁比小心地把他的手伸到桶里。“嘿，蓝兔子，把我们从这个笼子里放出去！”其中一只小龙虾大喊道。“我不是兔子，我是一只鹦鹉。”格鲁比笑着回答说。他瞄准了一只小龙虾，但当他准备抓它时，旁边的另一只龙虾夹住了他的食指。

“哎哟，哎哟，哎哟！”格鲁比疼得一边大叫，一边直跳脚。他试着甩掉信号小龙虾，但这只小龙虾并不想松手。“格鲁比，可别直接拉扯它，要不然你会把这只可怜的动物的整个手臂都扯掉的。”赫伯特说，“你把小龙虾放进水里，它就会松开的。”格鲁比坚强地咬紧牙关，带着夹在手上的小龙虾迅速走到池塘边。小龙虾一进入水中，马上松开钳子，潜到水下了。

“呼呼，现在不疼了。现在这些小龙虾怎么办呢？”——“我们把它们卖给一家餐馆。他们会用它们做成龙虾汤。”赫伯特说。信号小龙虾根本不喜欢这样。“你们要是煮我们，我们就在水里撒尿。”其中一个威胁说。“我也希望它们安静地生活，”赫伯特说，“但只有这样，我们才能控制这个池塘里小龙虾的数量。要不然池塘里的其他居民很快就会被吃光的。而且，当小龙虾的食物耗尽后，它们甚至会迁移到新的水域中去，我们要阻止这种情况发生。”

信号小龙虾
（拉丁名：*Pacifastacus leniusculus*）

名称：信号小龙虾

原产地：北美洲

迁移地：欧洲、日本

交通工具：轮船

背景：1960年起，信号小龙虾被有意引入瑞典和其他欧洲国家，因为本地的小龙虾种群受小龙虾瘟疫侵害而崩溃了。小龙虾瘟疫是一种真菌性疾病，会导致患病龙虾的腿部脱落。这种瘟疫也起源于北美洲，并随着受感染的小龙虾被引入欧洲。为了重建小龙虾的种群，信号小龙虾等动物被释放到溪流和湖泊中。当时人们还不知道，几乎所有来自北美洲的这些动物都是小龙虾瘟疫病菌的携带者，即使它们自己没有死于这种疾病。与本地的小龙虾种群不同的是，它们在进化的过程中，已经对这种疾病产生了抵抗力。

引发问题：与信号小龙虾一起引入的瘟疫夺去了欧洲的小龙虾种群的生命。此外，信号小龙虾与欧洲本地小龙虾相比，繁殖速度更快，而且更有攻击性。也就是说，它们会极力捍卫自己的领地。一旦信号小龙虾进入一个水域，这个水域很快就会被它们统治。

大自然的屏障

动物和植物的分布区域通常受到山脉或沙漠等自然屏障的限制。对于水生动物来说，湖泊或河流也可以构成其栖息地的自然边界。同样地，气候带也可以成为植物和动物的屏障。来自北半球较冷地区的动物虽然也可以在南半球较冷的地区生存，但要做到这一点，它们必须先要穿越热带地区才行。喜冷动物并不会自发地这样做。动物自身的运动情况也可能成为一种屏障。不善于游泳的鱼类总是待在其发源地附近。大多数的蚂蚁物种也不是长跑健将，因此，它们大多待在它们原本所在的森林中或草地上。

黑嘴虾虎鱼的屏障被打破

如今，许多物种能传播，是因为人类打破了自然屏障。一个典型的例子是黑嘴虾虎鱼。它们最初生活在黑海周围的河道，而现在，它们已经遍布瑞士莱茵河，甚至很快就会在博登湖定居。

第 1 站：多瑙河入海口，1980 年

第 2 站：多瑙河，2000 年

在轮船的压舱水中，年幼的黑嘴虾虎鱼可以在短时间内完成数十公里的行程。

第 3 站：美因 - 多瑙河运河，2006 年

从 1960 年到 1992 年，德国在多瑙河和美因河之间修建了一条运河——这对于黑嘴虾虎鱼来说完美至极。美因河流入莱茵河，于是，多瑙河和莱茵河之间的天然屏障就被打破了。

第 4 站：莱茵河，2008 年

黑嘴虾虎鱼到达莱茵河，继续向上游扩散。

第 5 站：瑞士莱茵河，2012 年

黑嘴虾虎鱼越过边境，到达巴塞尔，进入到瑞士。

第 6 站：莱茵费尔德水电站，2017 年

在水坝的旁边有一个所谓的“上升水域”，它是位于莱茵河旁边的一个人工河床，本地的鱼类可以通过它越过水坝。因此，黑嘴虾虎鱼也可以通过这种方式越过屏障。

第 7 站：莱茵河瀑布，2030 年

黑嘴虾虎鱼将到达莱茵河瀑布。在这里，它面临着一个看似不可逾越的屏障。

第 8 站：博登湖，2035 年

虾虎鱼将越过莱茵河瀑布。因为船艇被从一个已有黑嘴虾虎鱼的河段运到这里，船艇的下面黏着这种鱼的卵。

第 9 站：阿尔卑斯山，2040 年

黑嘴虾虎鱼将会深入到了阿尔卑斯山地区。

黑嘴虾虎鱼（拉丁名：*Neogobius melanostomus*）

名称：黑嘴虾虎鱼

原产地：流入黑海和里海的河流

迁移地：北美洲、中欧、斯堪的纳维亚半岛

交通工具：轮船（压舱水）

背景：黑嘴虾虎鱼是五个入侵的虾虎鱼种类之一。而且，它是其中最成功的。早在 20 世纪 90 年代，它就随着船运到达北美洲。在那里，它蔓延到了五大湖。后来，它也是通过轮船来到了欧洲的大部分地区。它栖息在河流和湖泊中，甚至可以生活在河流入海口地区的淡盐水中。黑嘴虾虎鱼主要生活在水底附近，它用鳍在水底的地面上支撑着自己。雌性将卵产在它们在石头下面挖的洞里。雄性守着洞口，保护刚孵化的幼鱼不被捕食者吃掉。

引发问题：黑嘴虾虎鱼吃幼鱼和小鱼，也吃鱼卵。因此，它们会威胁到许多本地的鱼类。无论它们出现在哪里，很快就会成为那里的优势物种，每平方米分布数量多达 20 条甚至更多。另一方面，本地的食肉鱼也能从黑嘴虾虎鱼身上获益，因为很容易捕获它们。例如，由于虾虎鱼数量众多，食肉鱼梭鲈在莱茵河中又变得更加常见。中欧的渔民不喜欢看到这个物种，因为由于它们数量众多，比本地的鱼更经常上钩。虽然黑嘴虾虎鱼也能食用，但是渔民和本地居民还不太适应它们。

四处迁移的水生生物

斑马贻贝
（拉丁名：*Dreissena polymorpha*）

名称：斑马贻贝或斑马纹贻贝

原产地：里海和黑海

迁移地：欧洲、美国

交通工具：轮船（压舱水）

背景：斑马贻贝随着船运已经遍布整个欧洲的河流和湖泊。在冬季，每只雌性贻贝产下多达 100 万颗卵。这些卵孵化出无数微小的幼苗，它们会在水中自由地游动一段时间。在这个阶段，它们可以很容易地进入到轮船的压舱水中。

然而，5000 万年前，斑马贻贝本身就是欧洲的原住民。但是，50 万年前，当第四纪冰川期开始时，斑马贻贝在欧洲就灭绝了。今天，在第四纪冰川期结束后的 12000 年，它们在人类的帮助下又开始在欧洲扩散。因此，斑马贻贝是否应算作入侵物种，这个问题尚无定论。

引发问题：斑马贻贝的幼苗喜欢附着在坚硬的物体表面，比如岩石表面，或者也可以是其他本地贻贝物种的外壳上。此外，斑马贻贝还定居在船体上，因此会堵塞水管的入口和出口。船主不得不花重金请人清理管道。这种贻贝还会堵塞污水净化设备和水电站的水管。

夸加贻贝（拉丁名：*Dreissena rostriformis bugensis*）

名称：夸加贻贝

原产地：里海周围的河里

迁移地：欧洲、北美洲

交通工具：轮船

背景：跟斑马贻贝一样，夸加贻贝也是通过船舶到达欧洲的。

引发问题：和斑马贻贝完全一样，夸加贻贝也是生活在船体、污水管道或冷却系统管道中。它们的大量出现会导致高昂的清洁费用。

杀手虾
（拉丁名：*Dikerogammarus villosus*）

名称： 杀手虾

原产地： 流入黑海的河流

迁移地： 中欧

交通工具： 轮船（压舱水）

背景： 在 20 世纪 90 年代，杀手虾通过轮船向多瑙河上游迁移。当时在多瑙河和美因河之间新建的运河又流入莱茵河，这加速了杀手虾在德国和瑞士大部分地区的传播。今天，它们出现在大多数河流和湖泊中。

引发问题： 杀手虾是一种肉食动物。它以本地的端足类动物为食，也吃本地的各种水蚤类动物。它们的繁殖速度非常快，它们过多的数量会导致其猎物的灭绝。

河蚬（拉丁名：*Corbicula fluminea*）

名称： 河蚬

原产地： 亚洲、非洲

迁移地： 北美洲、欧洲、南美洲

交通工具： 轮船

背景： 亚洲河蚬生活在河流和湖泊中。在 19 世纪和 20 世纪，它们随着亚洲移民来到北美洲，并在北美洲不断繁殖。在 20 世纪 80 年代，河蚬在轮船的压舱水中以偷渡者的身份一直漫游到了欧洲。

引发问题： 河蚬繁殖迅速，生活在湖泊和河流中松软的水底。当它们大量出现时，死掉的河蚬会形成一块坚硬的礁石，这反过来又成为其他入侵的、不能在淤泥地生活的贝类生物的地基。同时，许多需要在淤泥地才能生存的本地物种也因此受到了威胁。

湖岸边的船检

在苏黎世高地的法菲克湖岸边有护林员在工作，他们检查居民在湖周围的自然保护区活动时是否遵守规则。他们还回答关于自然保护的问题。法菲克湖是一个所谓的“自留区”，要尽可能地维持没有入侵物种的状态。然而，斑马贻贝、河蚬和杀手虾已经在这里出现。但黑嘴虾虎鱼、信号小龙虾和报春花无论如何都不能在此定居。例如，当休闲垂钓者或游艇主人将他们的游艇从博登湖直接放进法菲克湖时，就存在着带入入侵物种的危险。游艇从博登湖上岸后，动物的幼虫或卵可能黏附在船体上，从而在短暂的陆地旅行中安然无恙。因此，在让游艇重新下水之前，必须用高压水枪将其彻底地冲洗干净。

格鲁比得到了帮助护林员工作的机会，为期一天。他甚至得到了一个工作证！不过，格罗萨必须乖乖地待在他的肩膀上。格鲁比在湖的入口处站岗。这是一个美妙的夏日，许多人想带着他们的游艇到湖里去。“你好，我是护林员，我要检查一下是否有虾虎鱼的卵黏附在你的船上。”格鲁比对一个船主说。“什么东西？”船主疑惑地问道，“从来没听说过这东西！”他正要打开拖车的支架，但格鲁比阻止了他。

“停，停！等我检查完了，你们的船才可以下水！”格鲁比爬到拖车下面，查看着船体。“啊哈！”他喊道，“我虽然没看到黑嘴虾虎鱼的卵，但到处都是小的斑蛤，必须清除它们！”格鲁比递给船主一本信息手册。“很抱歉！但小心谨慎非常重要。——请下一位！”格鲁比喊道。有时候，他还会竭尽全力地帮忙冲洗游艇。

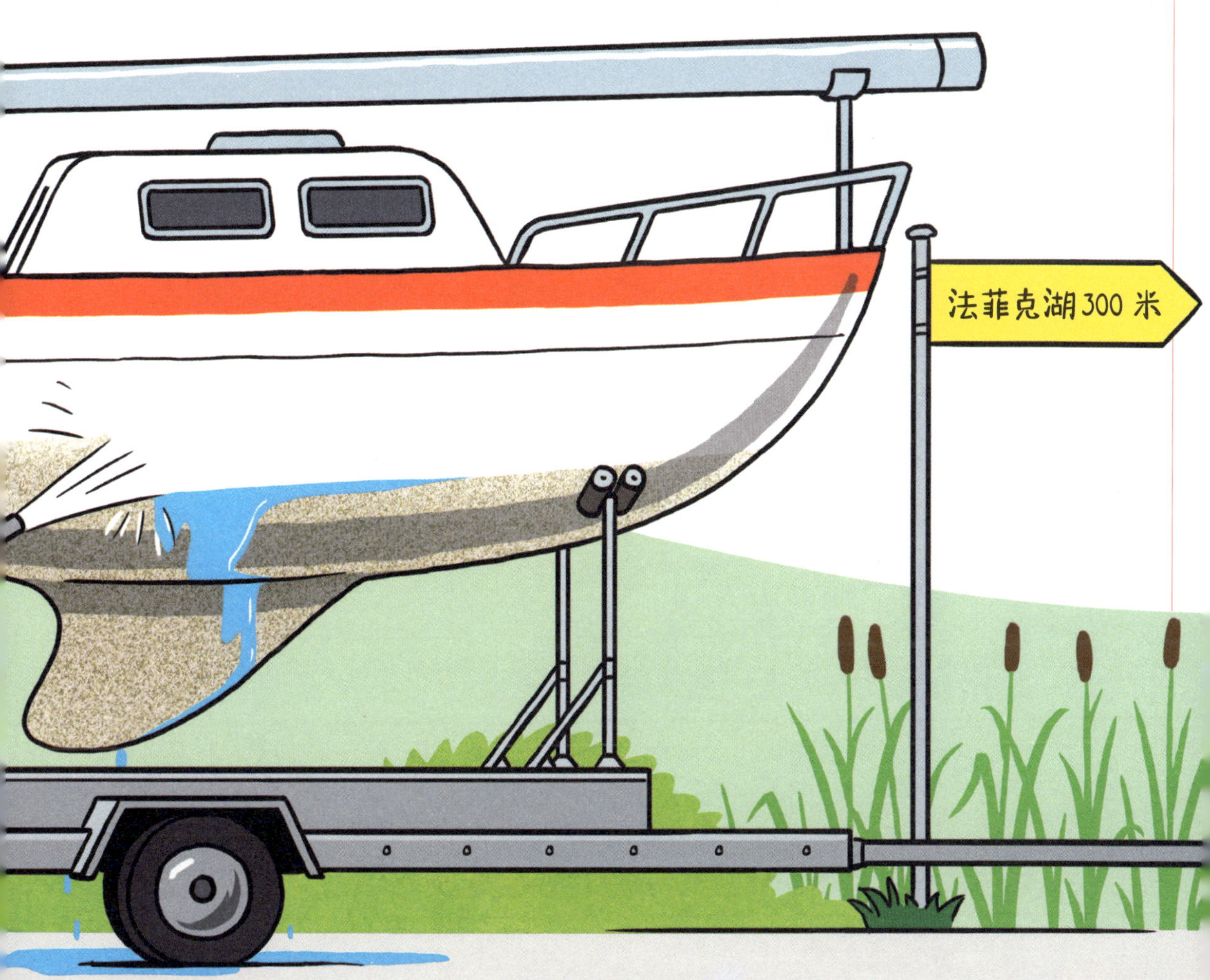

红领绿鹦鹉

在科隆，格鲁比遇到了真正彩色的鸟。它们啄食树上的种子或吃花蕾，发出巨大的噪声，并产生很多污秽的粪便。“你们叫什么名字？”格鲁比对其中一个问道。“我们是红领绿鹦鹉，”其中一个小家伙说，它大胆地站到格鲁比的胳膊上。“你有东西给我吃吗？”格鲁比给了它点苹果。这只鹦鹉把喙伸到苹果里乱吃一通。碎掉的苹果屑四处飞溅，很多都掉在了地上。

突然，这只红领绿鹦鹉抬起头说：“天色晚了，我们该飞回栖息的树上了。”这时已经有鸟群飞上天空。鹦鹉们高兴地叫着，声音很响亮。它们又兜了几圈，然后像箭一样快速飞过房顶。“我们跟着它们，就能找到它们睡觉的地方。”格鲁比对趴在他贝雷帽上的格罗萨说。

格鲁比向前跑去。红领绿鹦鹉从四面八方聚拢过来。它们飞到一棵紧挨着一条交通要道的大树上，在上面栖息了下来。震耳欲聋的叽叽喳喳声不绝于耳。“嘿，这是我的地盘！”一个鹦鹉骂道。另一个愤怒地叫着：“不对，这是我的。我昨天和前天都睡在这儿。哼，往那边去！”一位住在这里的女士恼火地看着窗外，“又开始了！这些动物就不能安安静静地上床睡觉吗？”

在这棵树的旁边有一家咖啡馆。突然间门开了，主人冲了出来。他急急忙忙地清理桌子和椅子，并把它们搬到屋子里。几秒钟后，一场真正的粪便大雨倾盆而下。格鲁比跳到了安全地带。树下的长椅和人行道上很快就落满污秽。

红领绿鹦鹉

（拉丁名：*Psittacula krameri*）

名称：红领绿鹦鹉

原产地：亚洲和非洲

迁移地：欧洲和北美洲

交通工具：轮船、卡车

背景：在德国，红领绿鹦鹉通常无法生存，因为冬天太冷了。但在科隆这样的大城市，温度要高几度。因此这些鸟可以在这里筑巢，甚至繁殖。第一批鹦鹉是在 20 世纪 70 年代初从动物园和私人鸟笼中逃出来的，或者是被故意释放的。到现在，它们已经有很多大的聚集区。科隆的聚集区有几千只鸟，其中有 1200 只栖息在一棵树上，而且也没办法把栖居的鹦鹉从这赶走。但每隔几年，不清楚什么原因，它们会离开这棵树，另外寻找一棵树栖居。

引发问题：红领绿鹦鹉总是成群结队地一起睡觉。它们在聚散的过程中，会发出很大的噪声，这会吵到当地的居民。此外，它们还会弄脏街道、人行道和长椅。红领绿鹦鹉在树洞中筑巢。它们利用被啄木鸟遗弃的洞穴，并将其进一步扩大。它们筑巢的另一个选择是房子外面有软质保温层的墙壁。它们以花蕾、浆果和各种水果为食。它们入侵果园后，会损害树木，造成果实颗粒无收。

淘气的浣熊

格鲁比和格罗萨继续乘火车前往卡塞尔。傍晚时分，他们去市区散步。在一条黑暗的小巷里，他们突然听到一声巨大的咣当声。发生了什么事情？他们看到几只浣熊在一个垃圾桶附近，有几只甚至蹲在上面。它们正在兴奋地交谈："嘿，米沙，把盖子掀开！"——"掀不开，它被很多砖头压住了，所以我们打不开它。"——"它散发着臭鱼和烂奶酪的美味！"——"我还闻到了其他东西。这到底是啥呢……猫粮！？有人扔了猫粮。我们一定得搞到它！"

米沙靠在墙上，用腿蹬着桶。"过来，帮把手！我们把这玩意儿弄倒。"随着一声巨响，垃圾桶倒在一旁。盖子崩开后，所有垃圾都滚了出来。有人把几盒开盖的猫粮罐头扔到了垃圾桶里，它们正好滚到格鲁比的脚前。米沙站在格鲁比面前，"嘿，你小子，这是我们的猫粮。别碰它！"浣熊龇着牙，向格鲁比露出它的爪子。"我，我，我……"格鲁比结结巴巴地说，"我压根儿不吃猫粮。你们可以尽情享用。"格罗萨附和着说："我也不吃猫粮，对我来说太咸了。"于是，米沙立即变得友善了很多。"那就太好了。嘿，你们想看看我的住处吗？""当然！"格鲁比和格罗萨几乎同时喊道。

米沙住在威廉选帝侯大街的一个阁楼上。要想进去，他们必须把屋檐上的排水管当梯子用，这相当难爬。格鲁比提醒格罗萨："你可得抓紧我！""别担心，你知道我们西部喙缘蜂可是会飞的。我们通常只是懒得去做罢了。"它回答说。

他们通过一扇坏了的窗户进入到阁楼里，那里看起来就像被炸弹炸过一样。隔热材料在天花板上零碎地耷拉着，墙壁上满是划痕，一根木头柱子被咬坏不少。“天啊，这里真乱啊！”格鲁比难以置信地说。“这里很舒适的，不是吗？我是几个月前刚搬到这里的。”米沙骄傲地说，并把爪子在地板上磨了一遍。

格鲁比在一个角落里发现了一些肉丸子。“还有人给你们喂吃的？”他惊奇地问。“你最好别把它们放嘴里，”米沙回答说，“它们是有毒的，房东想把我们赶走。你们可能想不到，他已经雇了一个灭虫专家。灭虫专家不断尝试新的圈套，但我更聪明，哈哈哈。”

然后，米沙的目光落在一个奇怪的东西上。“那是什么？它看起来像一个音响。”格鲁比说。话音刚落，就听到震耳欲聋的音乐。米沙捂住耳朵。“一定是灭虫专家。我们浣熊最讨厌噪音声，他现在可能在用这种方式赶我们走。不过，你等一下，我有一个完美的应对方法。”米沙在一个旧的搬家纸箱中翻来找去，找到一副耳塞。

浣熊（拉丁名：*Procyon lotor*）

名称：浣熊

原产地：北美洲

迁移地：欧洲、日本

交通工具：轮船

背景：在德国，饲养浣熊是为了生产毛皮。1934 年，卡塞尔附近的一个地主释放了一对浣熊，以丰富当地的野生动物种类。这里的环境条件非常好，以至于这对动物得以繁殖和扩散。第二次世界大战期间，德国东部的一个浣熊圈养区的围栏被炸弹击中，这些动物逃离了这里，于是产生了第二个分布区。如今，它们已经遍布整个德国和临近的国家。

引发问题：浣熊入侵到室内，并会对绝缘材料、墙壁和横梁造成巨大的损害。在特别糟糕的情况下，房屋的某些部分可能会坍塌。此外，人们在它的粪便中还发现了病原体，如浣熊蛔虫。当儿童在被其污染的沙子里玩耍时，可能会吃到虫卵，从而受到感染。犬瘟热也会以同样的方式传播。它对人类无害，但对狗和猫是致命的。此外，浣熊还经常爬树和盗取鸟蛋。

一条语音留言

你好，亲爱的格鲁比，我是来自佛罗里达州的唐娜·帕默。我听说你在研究入侵物种，想告诉你我们这里正在发生的事情。1992 年在佛罗里达州，从一个养殖场里逃出来很多巨蛇，也就是蟒蛇。它们繁殖得非常之多，以至于今天有 15 万条蟒蛇生活在这里。它们会吃掉任何它们口腔能吞下的动物，特别是本地的浣熊、负鼠和山猫，还有水禽。研究人员担心，这些物种将面临灭绝的危险。

因此，政府培训了一些蟒蛇猎人。想不到吧，我就是其中的一员！我们刚刚结束培训，现在开始正式捕蛇。上周我抓到一条 5 米长的蟒蛇，它比我的车还长呢！

政府为成功抓捕者支付奖金。每捕到一条蛇，我能得到 75 美元。如果我找到一个巢穴并毁掉蛇卵的话，我就能得到 100 美元。我必须立即杀死这些蛇，这并不容易，我必须先学会适应。毕竟它们是活生生的动物。活蛇我们是拿不到钱的。

希望你可以在你的书中讲讲这件事。这真是个疯狂的故事，不是吗？

诚挚的祝福！

唐娜

橙色牙齿的海狸鼠

在哈勒市，格鲁比和格罗萨参观了莫里茨堡的艺术博物馆。然后，他们在附近的公园漫步。这个小公园位于流经哈勒的萨勒河河边。在格罗萨寻找球果的时候，格鲁比把一条毯子铺开，把食物放在上面。过了一会儿，木头的咔嚓声把他吓了一跳。就在他面前，有一棵树倒在了水里！树根把岸边的一大片地撕裂了。格鲁比跳了起来。

他稍稍平复了一下，走到岸边。他面前的地面裂开了一个大洞，里面有东西在动。它看起来毛茸茸的。“啪！”一大把土飞溅到格鲁比的脸上。“嘿，这是什么呀？！有人在下面吗？”他向洞里喊道。“现在没空，我们必须挖洞。”一个声音回答说。“你们是谁？”格鲁比坚持不懈地问，但泥土又向他迎面飞来。

“别挖了，你们这样没法聊天！”格鲁比埋怨道。此时，一只棕色的、毛茸茸的东西从洞里出来了。“你好。我的名字叫乌里格。到底有什么事儿？”这个奇怪的动物说。它看起来像一只巨大的老鼠，有着大大的、橙色的啮齿。“我是来自瑞士的格鲁比。你是谁呢？”——“我是一只海狸鼠。”

“海狸鼠？你是生活在这里的吗？”格鲁比问道。“可以这么说，”乌里格回答道，“虽然我的曾曾祖父最初来自南美洲。你有胡萝卜吗？”格鲁比在他的袋子里翻来找去，只找到一个苹果。“那也可以，”乌里格说，“嘿，各位，都出来吧，有吃的东西！”乌里格话音刚落，从洞里窜出来整整一家子海狸鼠。它们都聚集在毯子上，啃着苹果和格鲁比在他的袋子里找到的其他可以吃的东西。

海狸鼠

（拉丁名：*Myocastor coypus*）

名称：海狸鼠

原产地：南美洲

迁移地：北美洲、欧洲、亚洲

交通工具：轮船

背景：在 19 世纪，海狸鼠由于其温暖的毛皮而被大量猎杀，几乎灭绝。后来，人们将一些海狸鼠带到北美洲和欧洲，在那里饲养它们来生产毛皮。但是，海狸鼠一次又一次地从农场里逃走，并在野外大量繁殖。第二次世界大战后，东德出现了大型的海狸鼠养殖场。它们的毛皮被出口到西方，并被用来生产毛皮大衣。海狸鼠的肉也被出售，并且深受青睐，吃起来像紧实的兔肉。在 20 世纪下半叶，毛皮大衣和夹克受到越来越多的批评，其销量大幅下降了。饲养者于是直接把这些动物放生。同时，官方和私人都把它们当作“割草机”来使用。海狸鼠喜欢各种绿色植物：青草、药草或灌木。它们啃过的草地，可以使草坪正好达到完美的长度。在法国南部的卡玛格湿地自然保护区，海狸鼠被特意放到鱼塘里清除其中的植物。

引发问题：海狸鼠会破坏堤坝的斜坡和堤岸。河岸因此会变得不稳定，并可能崩塌。这会妨碍轮船的航行，以及破坏岸边的道路。

新生态系统的形成

叙尔特岛的浅滩

叙尔特岛是德国第四大岛。不少平坦的海岸上，有所谓的浅滩。涨潮时，水会淹没这里，此时水位很高。退潮时，随着海水退去，浅滩变得干燥。浅滩是许多贻贝、蠕虫、螃蟹和蜗牛的重要栖息地，它们完美地适应了海水潮汐。

200 年前

欧洲野生牡蛎和蓝贻贝在浅滩生活。后者主要在潮间带，即潮汐交替处生活；而牡蛎则始终在有水区域生活。因此，这两种贻贝互不干涉。许多水鸟以贻贝为食。退潮时，它们可以轻易抵达海滩地面。

100 年前

当时，欧洲牡蛎对英国造船厂工人而言，类似于快餐。工人在叙尔特岛附近和欧洲沿岸进行大量捕捞和采集，却没有进一步喂养牡蛎，牡蛎被过度捕捞，几乎消失。人们于是又开始吃贻贝，贻贝存量也因此大量减少。

这些进而又对鸟类产生了影响。随着贻贝的消失，鸟类觅食不再轻而易举，不得不改为食用毛蚶和扁蚌，而这些东西藏在泥滩里，更难获取。鸟类也开始吃蚯蚓，但蚯蚓的营养价值低于贻贝。现在，鸟儿觅食更难了。

欧洲牡蛎

1964 年

欧洲牡蛎已愈加稀少，为此，欧洲引入了它的亲戚——太平洋牡蛎。并在叙尔特岛建了一所牡蛎养殖场。太平洋牡蛎被养殖在水中的笼子里。由于牡蛎的幼体会游泳，它们游到周围的浅滩，并在潮间带安家落户。牡蛎需要一个坚硬的基质。因此，年幼的牡蛎定居在贻贝的壳上，并开始生长，而被牡蛎完全覆盖的贻贝只能死亡。

2000 年

太平洋牡蛎在近年已大量繁殖，形成了由数百万个牡蛎组成的礁石。越来越多的贻贝被替代了。随着牡蛎贸易和海上偷渡，还有其他新物种来到浅滩——澳大利亚藤壶、美国剃刀蛤、美国履螺、日本浆果海带和日本岩蟹，它们在新的牡蛎礁中找到了最佳生活条件。

无论是居民，还是研究人员，都认为浅滩的主要威胁是牡蛎大暴发。大家担心太平洋牡蛎会蔓延整个浅滩，彻底取代贻贝。到那时，旅游业也将受到影响，海滩上到处是锋利的贝壳，人再也无法赤脚行走了。

如今

太平洋牡蛎形成的珊瑚礁总面积达 100 公顷，相当于 100 个足球场的面积！但是，这种无节制增长带来的后患，并未得到确证。

牡蛎贸易也给歇尔特岛带来了许多牡蛎疾病，阻碍牡蛎生长。有些年份里，疾病会杀死所有牡蛎幼体。

尽管如此，贻贝和牡蛎逐渐地彼此适应。虽然牡蛎吃掉了大多数食物，但如今贻贝也可以在牡蛎壳的庇护下定居。那里赖以生存的食物还是充足的，而且它们还能更好地保护自己，免受螃蟹和海鸟等掠食者伤害。

由于撬不开厚重的牡蛎壳，螃蟹和海鸟不再能轻而易举地获取食物。

乘船旅行

格鲁比和格罗萨在汉堡四处寻找前往澳大利亚的游轮。港口恰好停靠了一艘九层高的巨轮。但格鲁比买不起票，于是他毛遂自荐在一艘大型集装箱船上打工。只需要给船长干点杂活，他们就可以免费搭船旅行了。格罗萨趁机可以四处闲逛。格鲁比很喜欢自己的工作，他的工位就在船桥旁边。那里可以看到集装箱，还能欣赏到大海美妙的景色。

傍晚时分，格鲁比和格罗萨躺在甲板下的船舱里，这个船舱就在压舱水箱旁。格鲁比把耳朵贴在墙上，听着水箱中轻柔的水花和气泡声，简直是助眠良药。晚上，他听到墙壁里传来声音："嗨，嗨，各位。哇，天呐，这里真是黑乎乎一片。你们在哪儿？"接着，第二个声音回答："喂，我们在这儿，就在你旁边呢。你也是滨蟹幼苗吗？"——"对。我叫施托贝克。我的父母在汉堡港口生我时，我还是卵。卵孵化后，我的幼体在船舶间游荡了一星期。突然间，一个大吸管把我吸到了这个箱子里。"——"是哦，我们也是。"第二只滨蟹幼苗回答，它介绍说它叫吕特。

"嗯，没那么糟。我们总会再出去的，我想去一个美丽温暖的地方。""不要高兴得太早，"吕特说，"我们已经听说了，现在很多船只在压舱水排回大海前都会清洁水箱。这意味着，我们要么会被来个化学淋浴，要么被紫外线烘烤。"黑暗中传出了第三个声音："那不是很危险吗？话说，我叫亨克。"——"嗯，听上去，这事已经很严重了。对我们来说很麻烦，"施托贝克接过话茬，"如果用浴帽，会管用吗？这里有一小块塑料。"——" 如果紫外线照射的话，我们该怎么办呢？"亨克问道。"你想用防晒霜和太阳镜保护自己吗？""我们得马上离开。"吕特呼吁。

"大家不要着急，"一直不吭声的第四个声音劝诫道，"我是花蛤，在这已经住了 3 年，你们就安心吧。这艘老船的主人肯定不会再安装任何清洁设备了。我听说，这艘船很快就是最后一次航行了，然后就会被送去废品收购站。"这时，一个巨大的颠簸穿过船体，压载水泵开启，预备清空水箱。显然，船已经抵达某个港口，正在上货物。这意味着，必须排出压舱水了。

“祝你们旅途愉快。”贴贝说。“我们走吧！”施托贝克叫道，“来吧，不管怎么样，我都行。”继而一切恢复平静，格鲁比睡着了。

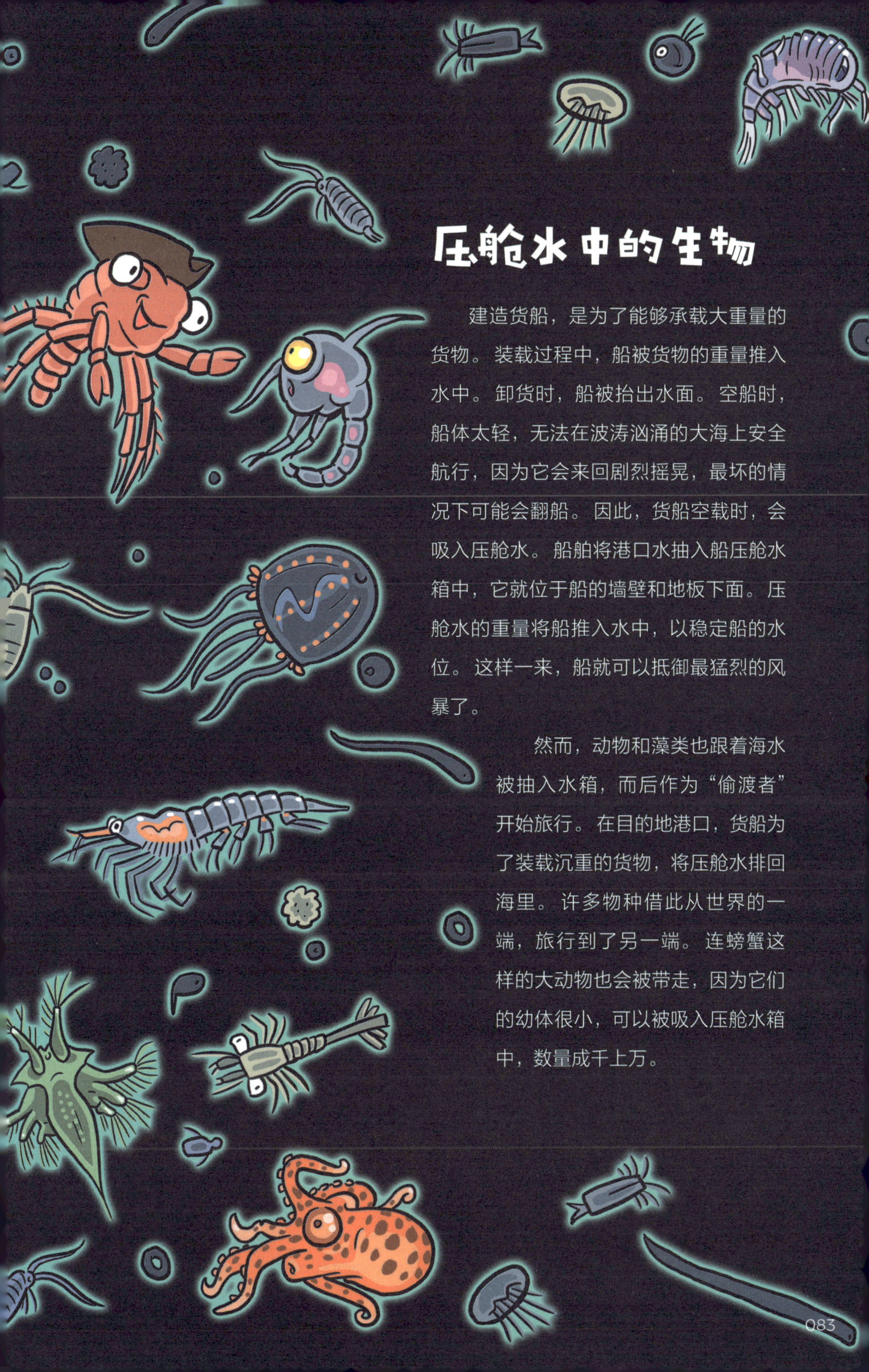

压舱水中的生物

建造货船，是为了能够承载大重量的货物。装载过程中，船被货物的重量推入水中。卸货时，船被抬出水面。空船时，船体太轻，无法在波涛汹涌的大海上安全航行，因为它会来回剧烈摇晃，最坏的情况下可能会翻船。因此，货船空载时，会吸入压舱水。船舶将港口水抽入船压舱水箱中，它就位于船的墙壁和地板下面。压舱水的重量将船推入水中，以稳定船的水位。这样一来，船就可以抵御最猛烈的风暴了。

然而，动物和藻类也跟着海水被抽入水箱，而后作为“偷渡者”开始旅行。在目的地港口，货船为了装载沉重的货物，将压舱水排回海里。许多物种借此从世界的一端，旅行到了另一端。连螃蟹这样的大动物也会被带走，因为它们的幼体很小，可以被吸入压舱水箱中，数量成千上万。

由于航运连接各大洲，所以它在全球范围内受监管，由国际海事组织（IMO）负责。为了防止压舱水携带新物种，国际海事组织已就《压舱水公约》达成一致。此公约已于 2017 年生效，旨在确保尽可能减少动物、藻类或病原体随压舱水返回大海。因此，它要求船主在靠岸前对压舱水进行过滤和消毒。

过滤系统由非常细的钢筛组成，网眼大小为 40~50 微米，和一根头发丝的直径相当。接着是消毒，用臭氧、氯或其他物质处理。它们可以杀死压舱水中的所有生物和病菌，随后消毒剂或是溶解，或被中和，因此无毒。这个过程对船员和环境无害。

有些装置则用紫外线清除动物和藻类，紫外线是太阳光中能引起晒伤的部分。在过滤系统中，紫外线灯射出的紫外线非常强大，可以立刻杀死小动物和藻类。清理后的压舱水不携带新物种，能被安全地运输和排放到世界各地。

捕捞海星行动

沿澳大利亚墨尔本海岸，目前有数百名志愿者，在南太平洋中打捞海星。他们下潜到海床，从海床上摘下海星，放进收集网，然后带它们上岸，任它们死亡。最初，海星生活在北太平洋，船舶的压舱水把它们的幼体带到南半球海域，破坏了那里的海洋生态系统。它们以鱼卵、螃蟹、蜗牛和海胆为食。

兔子和古怪的蛋

货船已在西澳大利亚州的首府珀斯停靠。格鲁比与格罗萨一起上岸。为了在长途跋涉后活动一下筋骨，他们参观了一个附近的国家公园。但那里看着一点也不美。大家面前呈现的是由一片半矮树和灌木组成的景观，中间的草丛彻底千疮百孔。“天啊，这里发生了什么？”格鲁比感叹。“像是被炸弹轰炸过。”格罗萨说。

“嘭！”格鲁比的后脑勺被什么东西砸中。“哎哟！这是什么？！”他面前地上有个巨型黄蛋。格鲁比捡起来，“啊呀，根本不是蛋，是足球。但它不是圆的。”“来吧！”附近有个声音叫道，是一只兔子，它从草地上的洞穴里现身了。格鲁比把蛋形球放在地上，回踢了一下。球失控地四处乱弹。“你得把它先捡起来，然后再踢。”兔子不耐烦地解释道，“这是澳大利亚足球，知道吗？”格鲁比举起了这个奇怪的球，又踢了一下。这次，球划着美丽的曲线，直接飞进兔子的爪子中。“好样的，小伙子！”兔子喊道。

“就你自己吗？”格鲁比问。“不，不。我们是这一带最大的兔群之一。伙伴们正在灌木丛中觅食，一会儿它们会来玩。对了，我叫杰米。”——“地上为什么有这么多洞呢？”格鲁比问。“我们在地下挖了很深的隧道，是我们的家，这自然也会产生大量的废物，我们把它们倒在入口旁边。”杰米说，“如果这儿下一场大雨，所有的土壤都会被冲进旁边的河流，问题就解决了。”杰米站在一个凸起的土墩上，露出必胜的笑容。“我想这叫侵蚀。”格罗萨郑重地说。“我喜欢侵蚀，”杰米说。“我一开始就想好：下一场比赛就叫‘侵蚀世界杯’。”这时，其他兔子觅食回来了，大家组成了两队，开始踢球比赛。格鲁比和兔子们一直玩到晚上。比赛以平局结束。

穴兔（拉丁名：*Oryctolagus cuniculus*）

名称：穴兔

原产地：伊比利亚半岛

迁移地：欧洲、澳大利亚、新西兰、智利

交通工具：船舶

背景：1788 年，穴兔随第一批欧洲移民来到澳大利亚，为人类提供兔肉，也是人们喜爱的宠物。当地居民经常将它们放生，以便今后猎杀。另一方面，穴兔极其适应澳大利亚的环境，并迅速繁殖。几十年内，已蔓延到澳大利亚的大部分地区。

引发问题：穴兔会啃咬树皮，从而破坏灌木等树木。茂密的森林和灌木丛地带会变成沙漠一般的景观。穴兔把农田啃得光秃秃，也经常霸占本地有袋动物的洞穴，可能导致本地物种的锐减。为了遏制穴兔在四面八方蔓延，1901 年到 1907 年，澳大利亚各地修建了 1700 公里的围栏。这个“防兔栅栏 ”是世界上最长的栅栏，但收效甚微。因为，穴兔可以轻而易举地穿过没有上锁的大门，到达栅栏另一边。

海蟾蜍围攻

格鲁比和格罗萨乘火车前往位于澳大利亚另一端的昆士兰。他们期望在那里见到澳大利亚最成功的移民之一：海蟾蜍。格鲁比租了一顶帐篷，搭在池塘附近的小溪边。夜里，格罗萨被一阵奇怪的声音惊醒。它把头探出帐篷，看到一只甲虫跑过去。“救命啊，救命啊，有人要吃我！”甲虫惊恐地大叫。

格罗萨在黑暗中张望，却看不到任何危险动物。“怎么了，朋友？”它问。“它，它，它，海蟾蜍来了！”甲虫气喘吁吁。它停下来，看到帐篷敞开着，灵活地爬进去，直接钻进了格鲁比的睡袋。格鲁比醒了，止不住狂笑。“不，不要，好痒啊！”他哭笑不得，从睡袋里钻出来，溜出帐篷。帐篷的周围聚集了几十只肥硕的海蟾蜍。“咦，你们是谁？”格鲁比困惑地问。“小心，格鲁比，它们很危险的。”格罗萨在帐篷里叫他。这时，最大的海蟾蜍开始说话：“我是阿加－门农，海蟾蜍之王。话说，蓝袋鼠，你叫什么？”

“我要疯了！”格鲁比愤愤不平地说，“先是一只信号小龙虾叫我兔子，现在我又成了袋鼠。我是蓝鹦鹉格鲁比，你看不出来吗，阿加先生？”“说吧，格鲁比，你带猫粮了吗？”阿加 - 门农不慌不忙地问。格鲁比在口袋里翻找，居然真的找到了一个小罐头，这是浣熊米沙给他的，以备路上不时之需。这罐头终于送出去了，格鲁比很高兴，他不在乎这些。但海蟾蜍很在乎，它们兴致勃勃地扑了上去。

“谢谢你，格鲁比。”阿加 - 门农说。然后，仿佛有人一声令下，所有的海蟾蜍转过身去，一言不发地钻进了黑夜里，像幽灵一般消失了。甲虫从格鲁比的睡袋里爬了出来。“太好了，你的猫粮帮了大忙。”

海蟾蜍（拉丁名：*Rhinella marina*）

名称：海蟾蜍

原产地：中美洲和南美洲

迁移地：澳大利亚、菲律宾、夏威夷、斐济

交通工具：船舶

背景：海蟾蜍以各种不同的昆虫为食。20 世纪上半叶，它在全世界范围内被用于害虫控制。1935 年，昆士兰当局将它们带到澳大利亚东海岸，以控制甘蔗种植园中的有害甲虫。海蟾蜍在这里迅速繁殖。一只雌性海蟾蜍每年可以在水中产下多达 3 万颗卵，而本地青蛙每年只生产 1000 颗卵。然而，海蟾蜍并没有达到当局的期望，它们对甘蔗害虫不感兴趣，反而吃掉了许多其他本地昆虫和蜗牛。

引发问题：海蟾蜍的大量捕食威胁着澳大利亚的昆虫和蜗牛的多样性。它们在澳大利亚没有天敌，其中一个重要原因是，它们皮肤下的腺体会产生一种剧毒的液体，这种液体会导致受害者心脏停搏，任何试图吃海蟾蜍的动物都难逃一死。

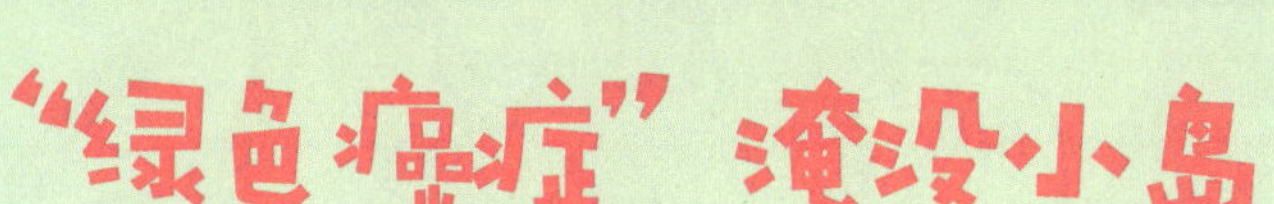

来自夏威夷的短信

你好，格鲁比！

我是萨布丽娜，是一名环保主义者。今天我在夏威夷参加了一个会议，是关于一种起源于南美洲，名叫米氏野牡丹的树。1959 年，一个标本被带到了东夏威夷的植物园。从那里开始，它在鸟的帮助下四处传播。

如今，它淹没了主岛的大部分地区。这次会议上，当局称，与米氏野牡丹的斗争宣告失败。这意味着，他们无法清除这种植物。它们数量太多，连根拔起后，还会再长出来，它们的叶子可以长到一米多长，遮盖住地面，以至于其他植物都无法生存，本地许多植物都因此死了。米氏野牡丹树的扩张速度极快，因此被称为“绿色癌症”。在大溪地，也就是另一个岛上，它已经蔓延到雨林中。如今，大片的土地都只剩下米氏野牡丹了。

问候你！

萨布丽娜

大型山羊狩猎

在澳大利亚，格鲁比和格罗萨按原定计划参观完后，继续前往科隆群岛。他们在那里遇到了一些研究人员，他们的直升机降落在一片草地中央。其中一个人带了一支步枪。“看着很危险，格罗萨。”格鲁比有点不安地说。“欢迎二位！”探险家们打招呼，“我们今天准备去捕猎山羊。”唔，格鲁比觉得这有些令人不快。尽管如此，他还是和格罗萨一起爬上了直升机。很快，飞机在一片嘈杂声中起飞了。飞行过程中，格鲁比问道：“山羊怎么了？”

其中一位研究员回答说："山羊是在 16 世纪和 17 世纪随着水手来到这里的。它们成倍繁衍，水手们可以一直获取肉食。科隆几乎是一个肉食供应库。"——"想法不错。"格鲁比说。"对水手的生存而言，这绝对是个好主意。"研究人员表示赞同，"但是，山羊对于科隆的植物来说，是毁灭性的。因为它们吃光了所有东西，植物日益减少，可山羊却继续在繁殖。最后，科隆岛上的山羊数量达到了 25 万只！加拉帕戈斯象龟也受到影响，它们再也无法获取充足的食物。原先这里有 10 万只加拉帕戈斯象龟。它们是本地特有的动物，但由于食物匮乏，象龟数量减少到 15000 只。"——"可怜的象龟。"格罗萨说。

"是的，很糟糕，"研究人员说，"但象龟并不是生活在这里的唯一动物。科隆群岛有着独特的生态系统，其中有本地特有的珍稀动植物。山羊用嘴破坏了这种多样性。为了拯救象龟和科隆的生态系统，我们从 1997 年开始猎杀山羊，别无选择。我们几乎大功告成了，但仍有一小部分山羊藏在峡谷和其他难以企及的地方。"——"噢，要找到它们，肯定很难吧？"格鲁比问。

研究人员指着一个装置："不，你看，这个无线电信号接收器效果很好。我们给一些山羊戴上无线电项圈，让它们自由活动。"——"为什么呢？"——"山羊是群居动物，总是待在一起。单独的山羊总会去寻找它的同类，这样，戴着无线电项圈的山羊会领我们找到最后一批山羊的藏身之处。"——"天呐，小可怜就这样成为叛徒了，对吗？"格鲁比问。"对，所以，我们叫它们'犹大山羊'。犹大就是那个对罗马人出卖耶稣的使徒。我们研究人员有时也搞点计谋。"

"注意！"直升机飞行员打断说，"我收到一个信号，距这里两公里。"他驾驶飞机朝信号源飞去，并在岩石附近降落。在岩石的背面，他们发现了一只小山羊。它惊奇地抬起头，说："没想到今天高层指挥也来了。""你是谁？"格鲁比问。"请允许我自我介绍，我是二等兵埃米尔，南部师最狡猾的山羊猎手。请问您是否带草了？"格鲁比又在口袋里搜寻了一番。"我没有任何绿叶饲料，但有些船上的饼干。"——"那太好了！"埃米尔答着，大口嚼了起来，"我已经很久没享受过这种待遇了。"

它嘴里念念有词，解释说：“我刚闻了闻这些石头。昨天好像有一小群山羊从这儿经过，向西北方向移动。我打赌，用不了 24 小时，我就能追上它们。”埃米尔抖了抖胡子上的饼干屑，敬了个礼，向右转，继续前进。很快，直升机再次起飞，寻找下一个“犹大山羊”。

科隆群岛与入侵物种的清理

科隆群岛是独特的自然天堂，也是许多地方性物种的家园。如加岛南美田鸡。它生活在森林或茂密的草丛中，在那里筑巢。由于野山羊觅食，它的栖息地遭到严重损坏。

而如今的环境对鸟类更为适宜。成功地控制山羊数量使草地和森林再次生长，加岛南美田鸡可以无忧无虑地重新筑巢。大量山羊被射杀，有时在人迹罕至的地方，山羊尸体也无法回收利用，常常只能丢在那里，直到尸体腐烂，只剩骨头。除了山羊之外，人们也射杀野猪和驴子。

岛屿的特别之处

地球上大约有 10 万个岛屿，岛屿是世界上最敏感的生态系统之一，因而极易受外来物种侵害。岛屿的特别之处在于，许多特有的物种生活在这里。例如，澳大利亚南部的塔斯马尼亚岛是有“塔斯马尼亚恶魔”之称的袋獾的家园。这种食腐动物像小狗那么大，只在塔斯马尼亚岛出没。因此，那里灭绝了，全世界就再无袋獾。

此外，动植物已适应了那里的环境。假如一个岛上没有猎食者，鸟就无须学会飞行。随着时间推移，就会进化出无飞行能力的鸟类，只在地面上生活。印度洋上的毛里求斯岛就是这样。那里曾经住着一种不会飞的鸟，叫渡渡鸟，差不多有天鹅两倍大。毛里求斯没有对渡渡鸟构成潜在威胁的掠食者，它们也因而温顺不认生，但这也害了它们。首先接触到渡渡鸟的是荷兰水手。1598 年，他们因暴风雨不得不紧急停靠在毛里求斯，继而发现了这个地方。大家像采蘑菇一样捕捉渡渡鸟，吃它们的肉。1690 年，英国航海家最后一次看到渡渡鸟，此后，渡渡鸟被认为已经灭绝。

格鲁比打道回府

在这趟旅行研究中，格鲁比和格罗萨经历、学习、见识了太多东西，是时候回家了。他们首先要乘船穿越太平洋，抵达北美洲的西海岸，两个好朋友要在这里告别了，因为格罗萨要留在他的家乡。“感谢你安排了这次美妙的旅行，特别棒。”格罗萨说，“从现在开始，我要留神，不能再被人装上飞机。”“远离人类就没事。”格鲁比咧嘴一笑。

稍后，格鲁比登上了一架飞往苏黎世的飞机。他看着窗外，陷入沉思。他学到了很多，经历了很多，一些想法萦绕在他心头。

格鲁比思索着有关生态系统的问题和新物种带来的各种可能。“这事儿真烦人。”他嘟囔着，空姐恰好从他身边路过。“你怎么了，格鲁比？”她惊讶地问。

“没什么。我只想知道，怎么才能阻止物种旅行。”空姐一脸迷茫，环顾四周。“物种？啊呀，我看到这里只有人。当然，还有一只鹦鹉。”她笑着说。“是的，我知道，但你说，行李舱里会有什么跟着一起飞行？”格鲁比喃喃自语，陷入沉思。“你的意思是，我们有偷渡者登机了？”空姐瞠目结舌。“是，但是……我们现在要怎么做？不应该通知飞行员吗？”格鲁比自我安慰：“不，不用了。我在苏黎世机场认识一个人，他会管这事儿。”就这样，他沉沉睡去了。

有意识引进新物种

几个世纪以来，新物种被运往世界各地，并被引入其他大陆，这有很多原因。有的是海员们随身携带活的食物引入的，比如，在世界各地众多岛屿上放生山羊和猪，以作为肉食的来源。

欧洲广泛种植臭椿，作为蚕的食物，这对当时的丝绸业发展来说举足轻重。

海蟾蜍是由澳大利亚的农业专家放生的，为的是消灭甘蔗种植园的有害甲虫。

同样，亚洲瓢虫也被用于控制德国温室中的蚜虫。

养蜂人散播凤仙花、加拿大一枝黄花，因为它们能为蜜蜂提供大量花蜜。

日本虎杖（拉丁名：*Fallopia japonica*）

名称： 日本虎杖

原产地： 中国、韩国、日本

迁移地： 欧洲、北美、澳大利亚、新西兰

交通工具： 船舶

背景： 日本虎杖于 19 世纪上半叶传入欧洲。它既可以作为观赏植物，也可以作为饲料。它也被种植在森林中，以便用作鹿的饲料。然而，小鹿对它们不屑一顾。养蜂人也参与了它的扩张，因为虎杖是深秋蜜蜂的绝佳牧场。

引发问题： 该植物通过根茎繁衍。这是一种深入地下的、类似根的结构，可以穿透地下数米。新的植物从根茎形成的许多匍茎中发展而来。这种扩张甚至可以穿透沥青和混凝土。如果日本虎杖长在房屋或道路旁边，可能会损害房屋和道路。它会形成密集的树篱，剥夺其他植物的阳光，使其死亡。日本虎杖的根茎深埋地下，要想一劳永逸地清除它们，必须把整个土地挖掘开，并且把土壤当作特殊垃圾处理掉，所以费用高昂。

这些物种不是本地的

许多外来物种被认为是本地物种。这里有几个例子：

提契诺棕榈（拉丁名：*Trachycarpus fortunei*）

尽管人们这样叫它，但提契诺州的棕榈树并不来自瑞士，甚至不来自欧洲。它真正的名字是“中国麻棕”，19 世纪中期从中国传到欧洲。短时间内，这种棕榈树的种子可以忍受零下温度。这就是它能传播到阿尔卑斯山以南地区的原因。沿着贝林佐纳附近的提契诺河，它在洪泛区过度生长。由于气候变暖，它现在也能在阿尔卑斯山以北地区生活，繁殖速度极快，甚至取代了本地树木。另一方面，它在提契诺州的森林中定居，而其他树木再也不能生存。

疣鼻天鹅（拉丁名：*Cygnus olor*）

几乎每个湖中都能找到这种白天鹅。许多童话故事中有它，关于它的歌曲传唱不绝。它起源于亚洲、东欧和北欧，在 17 世纪和 18 世纪才被作为城堡池塘的观赏鸟引进中欧。疣鼻天鹅的繁衍不以牺牲其他动物为代价，所以不会引发任何生态系统的问题。

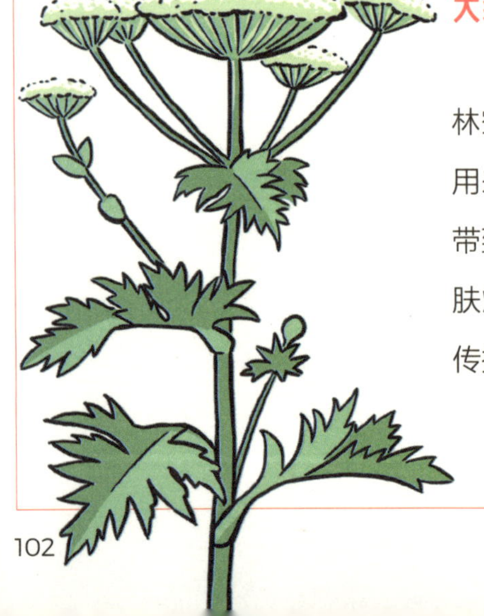

大豕草（拉丁名：*Heracleum mantegazzianum*）

有毒的大豕草遍布欧洲。路边、休耕地、河岸边或森林空地上，都有它的身影。人们常常晒干它的大花序茎，用来装饰。该植物原产于高加索地区，19 世纪末首次被带到欧洲。它的叶子会产生一种物质，这种物质会造成皮肤灼热乃至烧伤。因此，要绝对避免接触这种植物。它传播迅速，并在此过程中取代本地植物。

凤仙花（拉丁名：*Impatiens glandulifera*）

每个小孩都认识凤仙花。它的种子壳看着像拉长的胶囊，囊壁紧绷。碰到就会爆裂开来，种子则被弹出几米远。这使得这种植物得以在较大范围内迅速传播，并形成名副其实的灌木丛。凤仙花最初来自喜马拉雅山。由于开花很多，它作为观赏和蜜蜂采蜜植物被带到欧洲。但是，这个物种威胁了本地植物。因为传播速度太快，它们覆盖了大片地区，剥夺了本地植物的生活空间。

加拿大一枝黄花（拉丁名：*Solidago canadensis L.*）

许多花园里都有它的身影，它也沿铁轨、河岸和湖岸生长，有着美丽的金黄色花序。加拿大一枝黄花原产于北美，19 世纪作为观赏植物和蜜蜂养殖场内的植物被引入欧洲。由于它的种子随风飞扬，所以传播非常迅速。它们生长非常密集，所到之处，本地植物就没有安身之地。

大叶醉鱼草（拉丁名：*Buddleja davidii*）

大叶醉鱼草，也称“蝴蝶丁香”，会长出芳香的花伞，深受蝴蝶喜爱。这种灌木原产于中国，作为观赏植物被引入欧洲。它是一种先锋植物，可在荒芜的地方，如砾石坑，迅速蔓延，替代本地植物。这样一来，它也间接伤害了本地蝴蝶物种，因为它取代了毛虫要吃的植物。

行为准则和提示

每个人都可以帮助防止入侵物种的传播。这里有几点提示：

在花园里

种植本地乔木和灌木是理想选择。

园林垃圾或枝条不应丢弃在森林或空旷的乡间，这可能会加快入侵物种传播，因为废弃物中可能有种子或嫩芽，而且一些植物也可以通过枝条扦插繁衍。花园垃圾要扔到绿色垃圾容器里，或者如果可能的话，也可以用作堆肥。

不应从园丁或花鸟市场，或任何其他出售植物的地方购买入侵性植物。作为礼物也不行。

花园池塘不应引入红耳龟这样的入侵物种。池塘中即使不放进动物，也会吸引本地的小生物搬进池塘，这更有趣。蜻蜓在其中嗡嗡作响，产卵；青蛙或蝾螈在春季迁徙过程中会无意穿过池塘，产下卵子。许多植物也会逐渐在此定居。你的池塘很快会有很多本地物种。

度假时

在外旅行时，不要把种子、活的植物，甚至动物带回家。大多数情况下，人们无法判定这是什么物种，在新地方会如何表现。

也不要把本国的种子或活的动植物当作礼物送给在其他国家的朋友和亲戚。

在水边

不要把水族箱或养殖缸里的水和生物倒入湖泊、河流或池塘。这种看似顺手的处理水族箱的方法却会破坏在大自然中生活的动植物。当然，要每个人做到这一点很难。购买水族箱之前，要仔细考虑，自己是不是真的需要。假如你已经买了，后来又不想要这个水族箱了，最好试着找一个想要的人接手。

需要注意的是，桨、冲浪板、船这些设备，在入水之前要充分清洁。否则贻贝胚胎或小甲壳生物会从一个水体入侵另一个水体。

入侵物种的消极影响

入侵物种可能产生的一些问题：

对生态系统

生态系统中，物种之间互相依存。新的动植物从外部引入后，会破坏这个系统。例如，如果一个入侵性的蛇类物种在岛上蔓延，把那里所有的鸟都吃掉，也会对植物产生影响。因为许多植物依靠鸟类来传播种子——鸟类用自己的胃长途运输这些种子。一旦鸟类死去，种子只会从母体掉到地上，在树荫下死去。

对森林

森林是自然中特殊的一部分。今天，它对许多事情都非常重要。除了作为“木材供应商”的作用外，它首先是许多动物和植物的家园。它为我们人类提供了娱乐，也稳定了陡峭的山坡，防止山体滑坡，同时也是防止雪崩的重要保障。如果某些入侵的植物和动物在森林地区蔓延，取代本地乔木和灌木，森林可能不再能够拥有其所有功能。

对水体

池塘、河流、湖泊和海洋是非常敏感的栖息地，有许多不同的生态系统。入侵物种进入会对其造成巨大的损害。这种损害通常不可逆，因为许多入侵的水生生物，如小龙虾或洄游贻贝，都非常微小。此外，由于人类难以进入水体，因而不可能控制或完全清除某个入侵物种。

对河岸

岸边和洪泛区是大自然特别重要的区域。作为水和陆地之间的过渡，它们为许多动物和植物提供栖息地。入侵植物，如日本虎杖或凤仙花能彻底覆盖河岸地区，阻挠本地植物生长。日本虎杖也会加速河岸的侵蚀，冬季，它会在地面上死去，裸露的土壤对水无能为力。

对农业

农业生产我们的部分食物。当入侵物种在我们的田地和果园中传播时，它们会危及收成。例如，火烧病是一种细菌性疾病，能破坏核果等的果实。它起源于北美，并于 1957 年到达欧洲。樱桃醋蝇，起源于东南亚，在 2011 年“移民”到了瑞士。这种小苍蝇在成熟的樱桃和其他水果中产卵，蛆虫吃透水果的肉，从而破坏收成。

对公园、植物园和种植园

公园和花园可能会被新的物种破坏。例如，黄杨蛾来自东亚，2007 年“移居”瑞士。它的毛虫能在几周内吞噬整个箱形树篱，使植物死亡。亚洲长角甲虫的危害更大。它的幼虫——蛴螬——会吃掉落叶树的木材，已经破坏了整个森林。在生产家具木材的种植园中，树木因为被蛴螬侵袭不能再出售。蛴螬常出现在运输货盘的木材中，就这样入境了。瑞士正尽一切努力防止亚洲长角甲虫的入侵。2012 年，温特图尔的树木受灾时，尽管灾区的所有落叶树都必须砍掉，但甲虫被成功控制。

对人类健康

入侵物种会危及人类健康。例如，北美引进一种叫豚草的植物，花粉有高度致敏性。对过敏症患者来说，空气中的高花粉含量会引发呼吸道不适。触摸巨型猪笼草会导致皮肤灼伤。2003 年以来，亚洲虎蚊也在瑞士出现，会传播如寨卡病毒或登革热等危险疾病。病菌也可以通过鸽子的排泄物传播。

对农场动物的健康

入侵物种可以削弱甚至杀死农场动物，如蜜蜂、牛、马和羊。原产于亚洲的瓦罗拉螨攻击蜂巢，削弱蜂群的力量，甚至使其死亡。狭叶紫菜含有一种毒素，能损害牛和马的肝脏，也能通过食物循环危害到人类。

对基础设施

入侵物种会损害甚至破坏道路、铁路、建筑或电网。日本虎杖和臭椿强大的根茎甚至可以劈开混凝土或沥青。亚洲超级蚂蚁会侵入配电箱，并可能导致电路短路。浣熊会破坏房屋的整个空间。红领绿鹦鹉的粪便带来大量的污垢，致使长椅无法使用。这些地方必须每天打扫。

对国家和经济

清除入侵物种要花费国家（市政当局、城市）和经济部门的大量资金。例如，如果花蛤在核电站的冷却水系统中沉淀和繁殖，就必须将其清除，这样电站才能够继续稳定地冷却。清洗管道每年每个电厂的费用可能达到几十万欧元或更多。用湖水生产饮用水也会因为保护和维护措施而成本增加。温特图尔就因为防治亚洲长角甲虫花费了上千万。科隆清除山羊花费了几个亿。联邦、各州、市政当局的维护部门以及个人，每年都要花费数以千计额外的时间来清除猖獗的入侵植物。

为了我们的幸福

即使并不一定造成损害，有些外来物种也很烦人。亚洲虎蚊整天都叮咬，并且叮咬后会使人有强烈的瘙痒感。加拿大的水草臭得让人不想再在湖里游泳，洋槐树上的尖刺使掉落的足球无法碰触。日本虎杖长得很高，以至于水面清晰的视野都被挡住了。

保护和控制

我们可以采取四种不同的策略来处理入侵的动物和植物。

1. 预防

这无疑是最明智的处理方法。首先要防止物种被运输。例如，清洁船舶的压舱水就是很好的预防办法。过滤后的压舱水不再含有海洋生物。

许多国家通过制定法律禁止进口入侵物种。例如，在瑞士，有《植物保护条例》和《释放条例》。其中明文规定列出的入侵物种既不能出售，也不能在自己的花园里种植或释放。

2. 彻底清除

尽可能努力清除入侵植物和动物。如果只有单个个体或较小的区域受到影响，例如单个森林或单个池塘，这种方法效果特别好。面积越大，付出的努力就越多。控制措施在岛屿上特别成功，因为自然屏障可以防止再次入侵。原则上，越早清理，就越有可能成功。

3. 遏制

许多入侵物种一旦稳定下来就无法完全清除。在瑞士，这类物种有信号小龙虾、斑马贻贝、金线莲、日本虎杖。在这里，我们试图控制种群，使它们不至于猖獗起来，并在一定程度上减轻其负面影响。就植物而言，通常是拔除它们以达目标。这需要付出大量时间和艰苦的工作。信号小龙虾可以被捕捞和食用。

4. 适应性

如果遏制或清除一个物种再无可能，人们必须尝试通过适应来控制损害。这可能意味着，例如，在葡萄园中设置专门的陷阱来对付入侵的樱桃醋蝇。这样，种植者在受影响的葡萄园里杀死一定量的苍蝇，至少可以在受损害的情况下，收获部分葡萄。

名词解释

沉积物

当雨水流过岩石或土壤时，会带走其中的微小颗粒。它裹挟着这些颗粒流到河流，再进入湖泊或海洋。这些颗粒在江河湖海中沉到底部，并随着时间的推移形成一个厚厚的层，被称为沉积物。

臭氧

臭氧是一种有鱼腥气味的淡蓝色气体。具有极强的氧化性和杀菌性能。这意味着它能杀死细菌、真菌和其他微小的生物体。这就是臭氧被用来清洁游泳池的水或处理饮用水的原因。

地方性

只在世界某地生存的植物和动物是该地的特有物种。例如，“塔斯马尼亚恶魔”（袋獾）只存在于塔斯马尼亚岛，其他地方都没有。因此，它是塔斯马尼亚岛的地方性物种。

分生区

植物根尖分为根冠、分生区、伸长区、成熟区。分生区，也叫生长点，是具有强烈分裂能力的、典型的顶端分生组织，位于根冠之内。

粪球

野兔、鹿和其他动物粪便呈现出颗粒状，也被称为粪球。

进化

植物和动物——事实上，所有生物——都会随时间推移而变化。这种变化发生得很慢，以至于我们没有注意到它。但经过几千年的发展，一只黑色羽毛的鸟可以变成一只红色羽毛的鸟。或者，鱼长出了肺，可以在陆地上呼吸。这种变化被称为进化。我们人类也受制于这个过程。

力量的平衡

在一个生态系统中，不同的生物体之间，如动物、植物、真菌或细菌之间存在着一个共同体。它们可以和平共处。不同生命体的力量和能力相互平衡。

两栖动物

指青蛙、蟾蜍、蝾螈或蝾螈科的其他动物群体。它们既可以在水中生活，也可以在陆地上生活。特点是其后代出生在诸如池塘、溪流或湖泊等水体中。

掠食者

大多数植物和动物至少有一个敌人想吃掉它们。山羊是草的掠食者。卷心菜毛虫是卷心菜的掠食者。狼是鹿的掠食者。红鸢是田鼠的掠食者。

氯

氯气是有强烈消毒作用的气体。就像臭氧一样，氯气被用来清洁游泳池的水。

牡蛎的幼体

牡蛎在水中产卵。所谓的幼体是从这些卵孵化而来的。它们很小，可以在水中自由移动。它们还没有外壳。几周后，它们会寻找一个坚实的基质，在那里安家，然后开始生长成为一个有壳的坚实牡蛎。

爬行动物

这是一组动物的名称，包括蜥蜴、乌龟、蛇和鳄鱼等。它们有鳞片状的皮肤，并会产卵。爬行动物在太阳的帮助下调节它们的体温。为了提高体温，爬行动物躺在太阳下。当它们想降低体温时，它们会去阴凉处，甚至是地下。

侵蚀

雨水流过岩石或土壤时，会冲走微小的颗粒。随着时间的推移，岩石会越来越小，这个过程需要很长的时间。

威廉·莎士比亚（1564–1616）

英国著名作家和戏剧家，写了许多著名的剧本，如《罗密欧与朱丽叶》等，它们至今仍在上演，甚至被拍成电影。

微米

1 毫米是 1 米的千分之一。这意味着，1000 毫米等于 1 米。1 微米是 1 米的百万分之一，因此 100 万个微米就是 1 米。例如，一根人类头发的直径为 40~60 微米。

细胞

细胞是生命体的最小组成部分。你可以把它们看成是一块块的乐高积木，只是细胞要小得多。一切生命体都是由细胞构成的：一只手、一只胳膊、皮肤、胃、大脑或肺。植物也是如此，叶子、茎、根和花都由细胞构成的。

先锋植物

生长在休耕地上的乔木、灌木、草本植物或草，它们能够在严重缺乏土壤和水分的石漠化地区生长，例如，碎石堆或森林火灾后的焦土。先锋植物生命力极强，具有生长快、种子产量大、较高的扩散能力等特点。

养蜂人

饲养和繁殖蜜蜂并收获和销售其蜂蜜的人。有的人是全职养蜂人。还有人把养蜜蜂作为一种爱好。

贻贝胚胎

胚胎是一个仍在发育的生命体。它看起来还不像一个成年的动物或人，而是像一个小虫子，其中只有胳膊和腿的雏形可见。然而，贻贝胚胎的情况恰恰相反。它们有小的游泳臂，可以在水中自由移动。随着它们继续成长，它们又失去了手臂，成为贻贝。

遗传物质

每个生物细胞中都有所谓的遗传物质。它就像是一张长长的纸片，上面写着细胞的具体任务。例如，一个肌肉细胞必须在大脑发出信号时进行收缩。或者说，一个皮肤细胞必须紧紧抓住其他细胞，这样皮肤上才不会有洞。

有机物

有机物质是动物和植物产生的物质，包括树叶、木材、排泄物、肉或骨头等。与石头、矿物质或金属等无机物（= 非有机物）不同，它们可以被焚烧或在堆肥中腐烂。

鱼卵

鱼类以鱼卵的形式繁衍，它们是海绵状的结构。鱼类经常将鱼卵黏在水草、石头甚至船体上。

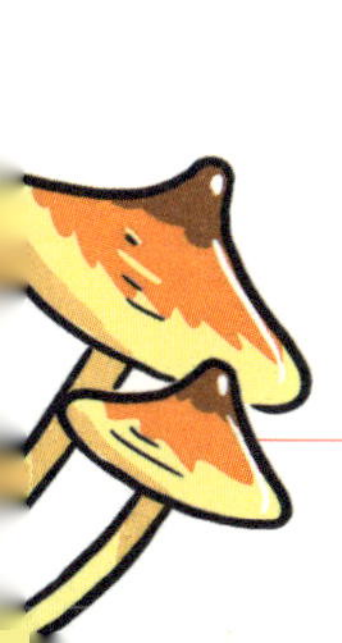